状態図・七話

西澤 泰二

アグネ技術センター

目次

状態図・七話（その1）FeC系状態図の誕生　1
　鉄から鋼へ－エッフェル・フィーバーの時代　2
　状態図のあけぼの　4
　A_1, A_2, A_3 変態の発見　7
　オーステンのFe-C系状態図　8
　もしもFeが非磁性だったら？　12

状態図・七話（その2）H_2O とFeとCの超高圧状態図　17
　アマガーの水銀柱実験　18
　　圧力の単位　19
　タンマンからブリッジマンへ　21
　変身する結晶と変身しない結晶　24
　εFe（稠密六方晶）の発見　24
　人工ダイヤモンドへの挑戦　26
　ダイヤモンド合成のメカニズム　28

状態図・七話（その3）ジュラルミンの状態図　31
　Alの製錬　32
　時効硬化の発見　34
　G.P.ゾーンの発見　37
　2相分離現象とは？　39
　規則化にもとづく2相分離　42
　Al-X系とFe-X系の状態図　45

状態図・七話（その4）計算状態図の源流　47
　ソロバンと対数表で…　48
　理論状態図の盛衰　50
　状態図計算のあらすじ　52

体心立方晶のAlの融点は？ *54*
基本状態図一覧 *55*

状態図・七話（その5）多元系化合物の状態図 *59*

III-V化合物と炭・窒化物の結晶構造 *60*
III-V化合物の状態図 *61*
炭・窒化物の状態図 *65*
島状溶解度ギャップ *66*
アルニコ磁石の状態図 *66*

状態図・七話（その6）金属基・複合系の状態図 *71*

魔法の杖－複合材料の登場 *72*
金属基・複合材料の概観 *74*
快削鋼の状態図とミクロ組織 *75*
方向性電磁鋼板の組織制御 *79*
ピン止めと逆ピン止め *80*
複合材料に偏晶型が多いのは？ *82*

状態図・七話（その7）2元系状態図・特選 *85*

逆行溶解型状態図 *86*
Remeltingか Catatecticか *87*
合成反応型の状態図 *89*
ゴシック様式の複雑な状態図 *90*
不変系反応は何種類か？ *90*
食塩水の状態図 *92*
奇妙な2液相分離 *94*
双頭型溶解度ギャップ *95*
角状の臨界点をもつ2相分離 *97*

索引 *102*

状態図・七話（その1）
Fe-C 系状態図の誕生

(その1) Fe-C系状態図の誕生

鉄から鋼へ－エッフェル・フィーバーの時代

　1889年(明治22年)の5月．フランス革命100周年を記念するエッフェル塔がセーヌ河畔に端正な姿を現わして，エッフェル・フィーバーがパリを包みました．ただし，前評判は散々だったようで，「無益にして醜悪!!」という芸術家たちの反対声明が新聞をにぎわしたそうです[1]．

表1 鉄鋼材料の変革と組織学の進展

西暦	鉄鋼の開発	組織の解析	
1860	(1856)ベッセマー/転炉製鋼法		
	(1864)マルチン/平炉製鋼法	(1863)ソルビー/パーライト組織の観察	← (1868)明治維新
1880		(1876)ギブス/相律	
	(1884)ハッドフィールド/高Mn鋼	(1886)ル・シャトリエ/Pt-Rh熱電対 (1887)**オスモン**/**Feの同素変態の発見**	
	(1896)クルップ/強靱鋼		← (1889)エッフェル塔
1900	(1898)ギョーム/Fe-Niインバー	(1897)**ロバーツ－オーステン**/**Fe-C系状態図**	
	(1912)ブレアリー/ステンレス鋼	(1912)ラウエ，ブラッグ/X線回折	
	(1917)本多/KS磁石		⎤ (1914〜1918) ⎦ 第1次大戦
1920		(1921)ウェストグレン/γFeのX線解析	
	(1931)三島/MK磁石	(1933)ルスカ/電子顕微鏡	
	(1934)ゴス/Si鋼板	(1936)ハンゼン/2元状態図集(初版)	
1940			⎤ (1939〜1945) ⎦ 第2次大戦
	(1948)モロー/球状黒鉛鋳鉄		

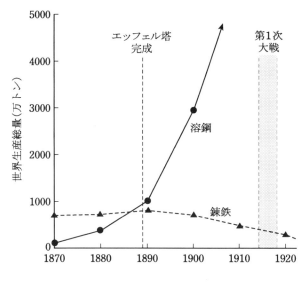

図1 錬鉄から溶鋼へ[3]

　この頃，先進諸国では産業革命に呼応した工業材料の大変革が進んでいました．とくに，18世紀の後半に始まった「石から鉄へ」，「木材から鉄へ」の変換．さらに19世紀後半の「鉄から鋼へ」の展開は急激で，表1に示すように，各種の鉄鋼材料がつぎつぎに開発されました．この「鉄(iron)から鋼(steel)へ」の変革に，必要不可欠な役割を果たしたのが，今回の話題のFe-C系状態図です．

　ところで，エッフェル塔に採用された約7300トンの鉄骨は意外にも，最新の溶鋼製錬法で製造した鋼材ではなく，半溶融製錬法(パドル法)による錬鉄(wrought iron)でした[2]．図1に明らかなように[3]，当時は「錬鉄から溶鋼へ」の転換期だったので，鉄橋建設の名人だったエッフェルは，新種の鋼材よりも耐候性に優れ，しかも手慣れた旧来の鉄材を選んだと推察されています[2]．

(その1) Fe-C系状態図の誕生

状態図のあけぼの

合金状態図の第1号の作成者は誰だったか？ 詳細は不明です．しかし，ハンゼンの状態図集[4]に引用されているSn-Bi系とSn-Zn系についてのルードベルクの報告(1830年)[5]は，極く初期の状態図の研究だったと推定されます．

ソルビー (1826〜1908)

ギブス (1839〜1903)

ロバーツ-オーステン (1843〜1902)

オスモン (1849〜1912)

写真1 Fe-C系状態図のパイオニア

(その1) Fe-C系状態図の誕生

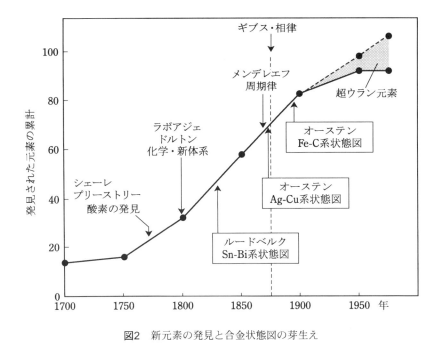

図2　新元素の発見と合金状態図の芽生え

　その頃，ドルトンらによる"化学の近代化"がようやく軌道に乗って，"原子"の概念が定着し，図2に示すように，"新元素"が続々と発見されていました．それに伴って，**純物質**と**化合物**と**溶体**の区別が次第に明確にされ，1876年にエール大学の物理学者ギブスは状態図の基本則(相律)を発表しました(写真1右上)[6)7)]．

　しかし，当時の温度測定は水銀寒暖計を用いる方法だったので，状態図の研究は低融点の合金や水溶液などに限られていました．この"温度の壁"を乗り越えて，Ag-Cu系状態図に挑戦したのが，英国・造幣局のオーステンです(写真1左下)[6)8)]．

　オーステンの測温法は図3に示すように，Fe球と熱量計を用いる実に簡素な方法ですが，精度は存外に良かったようです．ただし，AgもCuもFeと溶け合

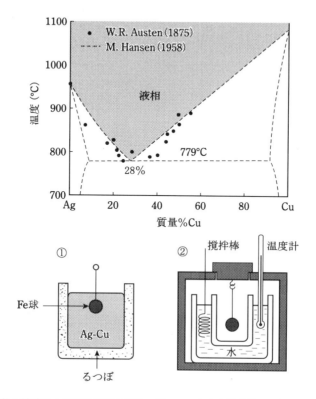

図3 熱量計と鉄球による初晶温度の推定．①Ag-Cu合金を溶融後，炉外に取り出して徐冷し，液面の様相から凝固の開始を察知して，予め挿入していたFe球を手早く熱量計に移す．②熱量計内の水槽の温度上昇(ΔT)から，Fe球の熱量(ΔQ)を求め，さらに，Fe球の初期温度すなわちAg-Cu合金の初晶温度に換算する．

わないから成功したのであって，Ag-Cu以外の合金系には通用しませんでした．

　この難局を救ったのがパリ大学のル・シャトリエで，1886年に白金－ロジウム熱電対を発明し，測温の上限を一気に1600℃まで高めました[6]．

A_1, A_2, A_3 変態の発見

1812年の冬．ロシアに遠征したナポレオン軍はかつて経験したことのない厳寒に悩まされて敗退しました．このとき，兵士用外套のスズ製ボタンに灰色の斑点が発生して，ぼろぼろになったと伝えられています．この"スズ・ペスト"と名付けられてきた不思議な現象が，温度低下にもとづくβSn（白スズ）からαSn（灰スズ）への**同素変態**によることが明確になったのは，X線回折法が普及した1920年以降のことです[9]．

一方，鉄と銅は人類にとって，スズよりもはるかに身近な金属だった筈で，

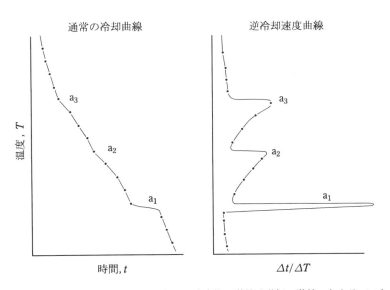

図4 オスモンによる低炭素鋼の熱分析．同素変態の潜熱は融解の潜熱のおよそ1/10なので，通常の熱分析法では左図のように，小さなコブが現われるに過ぎない．そこでオスモンは冷却速度の逆数が横軸となるような熱分析法を案出して，右図のように変態の存在を明確化した．

"焼入れ"や"焼きなまし"などの技術は，鉄砲が種子島に伝来した1543年頃にはかなりのレベルに到達していました．さらに，19世紀の中期には，シェフィールド大学のソルビー（写真1左上）による鉄鋼のミクロ組織の観察や，ペテルブルグのチェルノフによる鋳鋼の凝固過程の解析[6]などが行われていますので，**鋼の変態の科学**は"入り口"のところまで辿り着いていたといえます．

この"入り口"の厚くて重い扉をこじ開けたのがオスモン（写真1右下）で，エッフェル塔完成の2年前（1887年）のことです[10]．

パリの中央工業大学を卒業したオスモンは，製鉄会社の研究所などに数年間勤めた後，自宅の書斎を改造した実験室でFe-C系合金の研究に没頭します．その際に，ル・シャトリエによって発明されたばかりのPt-Pt・Rh熱電対を使いこなして，"逆冷却速度法（inverse cooling rate method）"と称される独自の熱分析法[11]を工夫したことが，**鋼の変態・発見の決め手**となりました．

図4はその概略図で，a_1, a_2, a_3は熱分析曲線の停滞点（arrest point）に付されたオスモンによる記号ですが，後にA_1, A_2, A_3へ，さらにA_2はキュリー点T_Cに変更されて，今日に至っています．

オーステンのFe-C系状態図

オスモンがFeの同素変態を発見してから10年後に，図5(a)に示すようなFe-C系状態図が前記のオーステンによって提示されました[8]．

この状態図は，機械技術協会の要請に応じて1890年から活動していた"合金研究委員会"で発表されたもので，未完成の故に，オーステン自身は公表を躊躇したと伝えられています．しかし，Solid Solution（固溶体）やSolid Eutectic（共析）の生成などの要点が適確に記載されていて，卓越した先見性に驚かされます．

経歴書[8]によると，オーステンは22～25歳の頃に英国・造幣局の研究所でグレアム[注]の指導を受け，パラジウム中の水素の拡散を研究していました．おそ

注）T. Graham（1805～1869），英国の化学者．拡散に関する法則や，コロイド化学に貢献した．

(その1) Fe-C系状態図の誕生

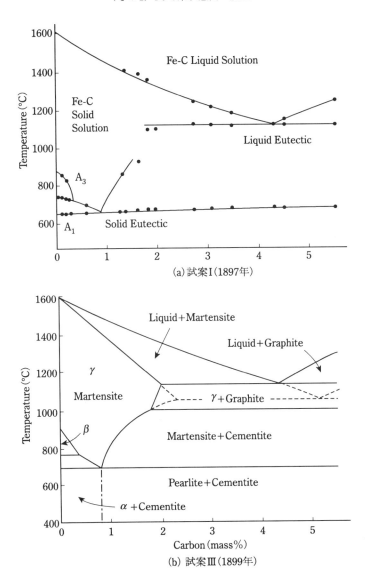

図5 オーステンによるFe-C系状態図. (a)試案Iと(b)試案III

らく，青年時代のこの3年間の体験が，"固体の鉄に炭素が溶け込む"という常識外れの考え方を，すんなりと受け入れる素地を培ったと推察されます．

ただし，オーステンは更なる難問と苦闘していました．それは(i)液相，γFe相，Fe_3Cと黒鉛の総計4相が鋳鉄中に観察されるという実験事実と，2元系では3相以上は共存できないというギブスの相律との矛盾をどのように解消するか？

また，(ii)鋼の焼入硬化現象を状態図中に盛り込むにはどのように考えるべきか？などの疑問でした．これらの難題を抱えながらオーステンは，Fe-C系状態図の試案IIとIIIを提出しました．

図5(b)はオランダのローゼボームとの協同による試案IIIで，Fe-Fe_3C準安定系とFe-黒鉛安定系の両者を重ねた，後年の複状態図(double diagram)の考え方によって，(i)の疑問に答えようとした意図が見られます．

しかし，(ii)の焼入硬化の真相を理解するには表2に示すようなX線解析が必要で，どの実験もオーステンの没後に行われました．

なお，図5(b)では，今日の**オーステナイト**のことを**マルテンサイト**と記しています．御存じのようにマルテンサイトはドイツのA. Martensを記念して，焼入硬化組織に付けられた名称で，名付け親はオスモン(1895年)でした．

一方，オーステナイトの名付け親もオスモン(1900年)で，A_3点以上で安定なγFe-C相を意味します．これらの変態組織(マルテンサイト)と母相(オーステナイト)との混同はしばらく続きましたが，マルテンサイトの正体が明確に

表2　Fe-C系に関する初期のX線解析

年	研究者	研究成果
1917	A. W. Hull	αFeの結晶構造(bcc)の確定
1921	A. Westgren	γFeの結晶構造(fcc)の高温X線回折による確定
1926	W. L. Fink and E. D. Campbell	Fe-C系マルテンサイトの結晶構造(bct)の確定

なるにつれて解消しました.

オーステンのFe-C系状態図は,その後も幾度となく修正されてきました.図6は米国・金属学会から出版された岡本紘昭氏による状態図集[12)]のFe-C系状態図で,原図ではFe-黒鉛系(安定系)を実線,Fe-Fe$_3$C系(準安定系)を破線で示しています.原理的にいえばこの方が妥当ですが,本邦でのこれまでの習慣に従って,ここではFe-Fe$_3$C系を実線としました.

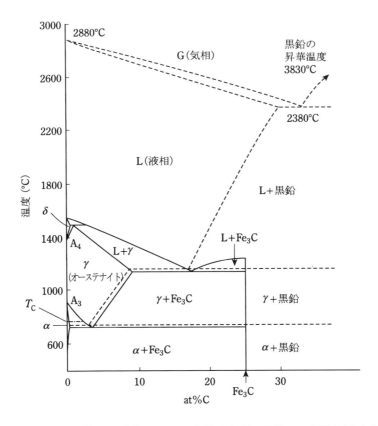

図6　Fe-C系の複状態図.実線:Fe-Fe$_3$C系(準安定系),破線:Fe-黒鉛系(安定系)

もしもFeが非磁性だったら？

1955年,シカゴ大学のジーナーは"金属学に対する磁性の衝撃"と題するショッキングな論文を発表して,磁気変態への注目を喚起しました[13].

図7はもっとも端的な実例で,キュリー点以下のbccFeの拡散係数(▲印)

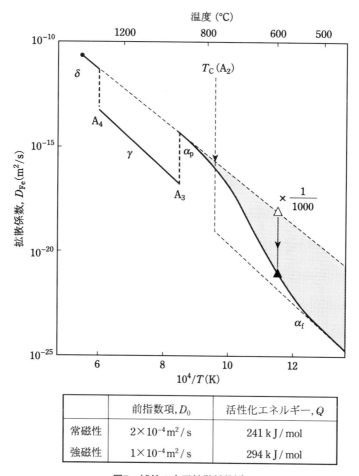

図7　純鉄の自己拡散係数[14]

は,キュリー点以上から延長した値(△印)の1/1000に過ぎません[14]．

　この理由は，常磁性から強磁性への磁気変態によって，原子の磁気スピンが整列し，原子間の結合力が強くなる．その結果，原子移動に必要な活性化エネルギーの山が高くなるので，拡散係数が小さくなったと説明されます[15]．

　もう一つの実例は，純鉄を加熱した際の体積変化で，図8のように，A_3点で約1%収縮します．

　御存じのようにbccはfccよりも"粗"な構造なので，A_3点で純鉄が収縮するのは"当然"と思うかもしれません．しかし実は，加熱によってbccからfccに変態する金属はαFeだけですから，A_3変態は特別な同素変態と考えるべきでしょ

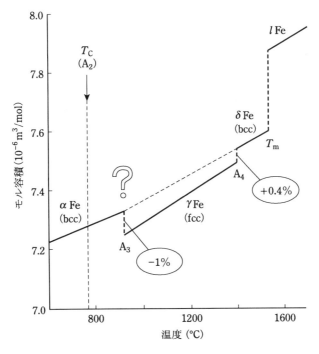

図8　純鉄の熱膨張曲線(bcc→fcc変態は純鉄以外には見られない)

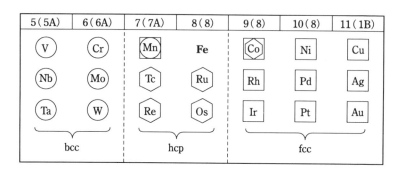

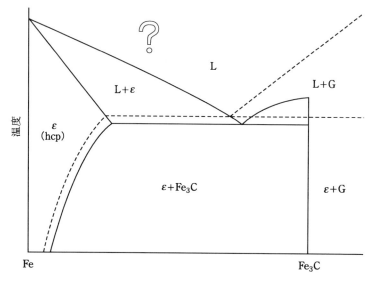

図9　非磁性Fe-C系の仮想状態図

う．この特例的なA_3変態を惹起する根源が磁気変態だということを指摘したのが上記のジーナーの論文でした．

　磁気変態は2次の変態に属し，広い温度にわたって進行するので，見落とさ

れがちですが，しかし，磁気変態のエネルギーの総量は意外に大きくて，融解エネルギーの値に匹敵します．それゆえ，強磁性にもとづく因子を差し引いた**非磁性bccFe**は，すべての温度でfccFeよりも不安定になります．

その上，fccFeも反強磁性体なので，その影響を差し引くと，結局，非磁性Feの安定構造はhcpであろうと推定されています[16]．

図9(上)に示すように，周期表でFeの下の元素(RuとOs)が双方ともhcp構造であるという事実は，上記の推論を支持するといえるでしょう[17)18]．

もしもFeが非磁性だったならば，Fe-C系の状態図は図9(下)のような単純共晶型となるでしょう．そこにはA_3変態もA_1変態もありません．そして，パーライト組織もマルテンサイト組織も生成しません．現実の鉄鋼(＝金属の王者)とは比べようもない，平凡な材料だったでしょう．

A_2点をお忘れなく!!

参考文献

1) ロラン・バルト原著,花輪光訳:エッフェル塔,みすず書房(1991)
2) 中沢護人:遺稿集,新時代社(2003), 13
3) 黒岩俊郎:材料革命,ダイヤモンド社(1970), 79
4) M. Hansen and K. Anderko: Constitution of Binary Alloys, 2nd Ed, McGraw-Hill Book Company (1958), 338, 1218
5) F. Rudberg: Pogg. Ann., **18** (1830), 240
6) 中沢護人:鉄のメルヘン(金属学をきずいた人々),アグネ(1975), 171, 234, 273
7) 衛藤基邦:ギブス-化学熱力学の理論的研究,日本金属学会会報, **17** (1978), 690
8) 金子恭二郎:ロバーツ＝オーステン,日本金属学会会報, **16** (1977), 502
9) J. W. Christian: Transformations in Metals and Alloys, Pergamon Press (1955), 595
10) 大塚正久:鉄鋼組織学の偉大な先達Osmond,日本金属学会会報, **16**(1977), 715
11) 村上武次郎,佐藤知雄:物理冶金実験法,共立社(1936), 85
12) H. Okamoto: Phase Diagrams of Binary Iron Alloys, ASM International (1993), 64
13) C. Zener: Impact of Magnetism upon Metallurgy, J. Metals, **7** (1955), 619
14) 金属データブック,金属および合金中の拡散係数,日本金属学会 (1993), 21, 22
15) F. S. Buffington, K. Hirano and M. Cohen: Acta Met., **9** (1961), 434

16) L. Kaufman, E. V. Clougherty and R. J. Weiss: Acta Met., **11** (1963), 323
17) 西沢泰二:鉄合金の熱力学(第1回),日本金属学会会報, **12** (1973), 35
18) 西沢泰二:ミクロ組織の熱力学, 講座・現代の金属学 材料編 第2巻, 日本金属学会 (2005), 34

状態図・七話（その2）
H_2OとFeとCの超高圧状態図

アマガーの水銀柱実験

1889年の11月，パリ万博はめでたく幕を閉じました．そして，この万博の目玉だったエッフェル塔は，観光名所だけでなく，広い分野の科学技術にも活用されることとなりました[1]．

設計者のエッフェルは，建設中に寄せられた「無益にして醜悪!!」という酷評に備えて，天体観測や風圧測定に供するための研究室を塔の最上階に用意していました．ここで行われた実験の一つが，アマガー[注1)]による水銀柱実験(図1)でした[2]．

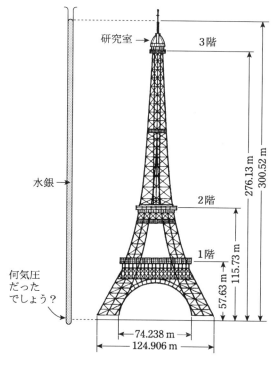

図1　アマガーの水銀柱実験(1890年ころ)

注1) E. H. Amagat (1841〜1915)．リヨン大学教授，高圧科学の開拓者．

（その2）H₂OとFeとCの超高圧状態図

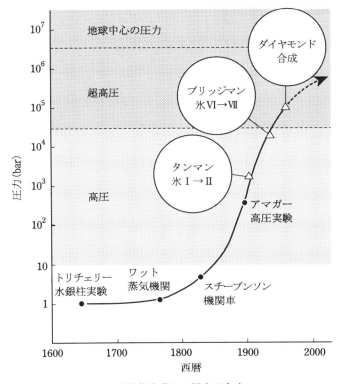

図2　水銀柱実験から超高圧合成へ

　御存じのように"水銀柱実験"の元祖は1643年（江戸時代初期）に行われたトリチェリーの実験で，長さ1.2メートルのガラス管を用いた簡素なものでした．これに対して，アマガーの水銀柱は高さ300メートルの雄大なものでしたが，**圧力計の検定**を主目的とした実験で，発生した圧力は後述のように，およそ400気圧です．ただし，図2に示すように，蒸気機関などに利用されていた高々数気圧のレベルから脱却して，数万気圧の世界に踏み込む分岐点に位置する歴史的な実験でした．

圧力の単位

　本題に入る前に，圧力の単位について付言しておきましょう．

1971年の国際度量衡総会で採択されたSI単位系（International System of Unitsの略）では，"圧力"の単位をPa（パスカル）＝kg/(m・s²)と定めています．ただし，Paだけでは不便だという意見が多かったので，bar（バール）が補助単位に加えられました．このbarはノルウェーのビェルクネス[注2]が提唱した単位で，"力"の単位：dyn（ダイン）などとつぎのように関連します．

$1 \text{ bar} = 10^6 \text{ dyn/cm}^2 = 10^5 \text{ kg/(m·s}^2) = 10^5 \text{ Pa}$

表1に示すように，1 barは荷重の工学単位：kgf/cm²（キログラム重／センチメートル²）とほぼ等しいので，図3（左）のような加圧実験をイメージすると，圧力の大きさを即座に理解できて便利です．

例えば，前記のアマガーの実験がその典型で，断面が1 cm²，高さ300 mの水銀柱の重量は

$30000 \text{ cm}^3 \times$ 比重 $(13.6 \text{ g/cm}^3) \approx 400 \text{ kg}$

ですから，圧力はおよそ400 barです．

また，もしもエッフェル塔そのものを，断面が1 cm²の加圧器に乗せれば，エッフェル塔の総重量は1万トン（10^7 kg）なので，発生する圧力はおよそ10^7 bar（約1000万気圧）と見積もられます．この圧力は地球の中心の圧力（推定400万気

表1 圧力単位の換算表

単位	Pa (＝kg/(m・s²)) パスカル	bar バール	atm 気圧	kgf/cm² キログラム重/ センチメートル²	Torr (＝mmHg) トール
Pa (＝kg/(m・s²)) パスカル	1	1×10^{-5}	0.9869×10^{-5}	1.0197×10^{-5}	750.06×10^{-5}
bar バール	1×10^5	1	0.9869	1.0197	750.06
atm 気圧	101325	1.0133	1	1.0332	**760.00**
kgf/cm² キログラム重/ センチメートル²	98067	0.9807	0.9678	1	735.56
Torr (＝mmHg) トール	133.32	1.3332×10^{-3}	1.3158×10^{-3}	1.3595×10^{-3}	1

1 bar ≈ 1 atm ≈ 1 kgf/cm²

注2) V. F. Bjerknes (1862～1951). オスロ大学の著名な気象学者.

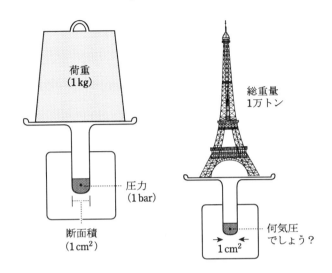

図3 加圧実験のイメージ．1 barは1 cm²あたり1 kgの重力にほぼ等しい．

圧）の2.5倍ですから，実現は不可能でしょう．

こんな具合に，barの方がPaよりも筆者にはおなじみなので，この拙文ではbarを採用することをお許し願います．

タンマンからブリッジマンへ

通常の氷（以下では氷Iと記します）は水よりも比重が小さくて，水面に浮びます．ところが，およそ2 kbarの圧力で圧縮すると，図4に示すように，氷I→氷IIの変態が起こって，"水よりも重い氷"に変身します．発見者は金属物理学の開祖として著名なタンマン[注3]（写真1（左））[3]で，1900年のことでした[4]．

このタンマンの高圧実験は，油を圧力媒体（これをガスケットといいます）とする流体加圧法で，およそ3000 barが圧力の限界でした．そこで，鉛や塩化銀

注3）G. Tammann：ゲッチンゲン大学教授．本多光太郎（東北大）と近重眞澄（京大）が師事して，本邦のMetal Physicsの学派を築いた．

（その2）H₂OとFeとCの超高圧状態図

タンマン（1861〜1938）　ブリッジマン（1882〜1961）

写真1　超高圧状態図のパイオニア[3)5)]

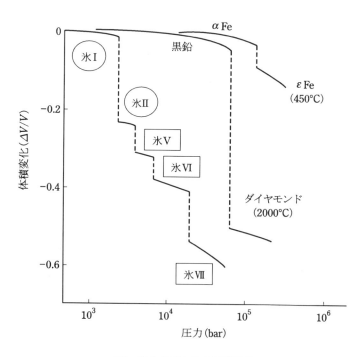

図4　氷と炭素と鉄の圧縮曲線

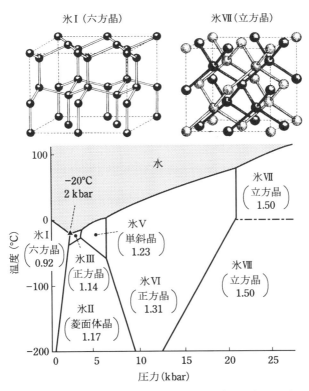

図5 H_2Oの高圧状態図[4]．( )内の数値は比重．結晶モデルの球はH_2O分子．氷Ⅶ→氷Ⅷは結晶構造の変化を伴わない2次の変態．

などの軟らかい固体をガスケットとする**固体加圧法**に変更し，さらに，加圧容器をシリンダー型から**アンビル型**に改良して，圧力の限界を10^5 bar以上に拡張した科学者が"超高圧の父"と称されるブリッジマン[注4]（写真1（右））[5]でした．

図4に□印で示した氷Ⅴ，氷Ⅵ，氷Ⅶは，ブリッジマンが25年間（1912〜1937）にわたる努力によって発見した高圧相で，これらの実験結果を総合して，図5に示すようなH_2Oの高圧状態図が作成されました[4]．

なお，図5（右上）に示した氷Ⅶの結晶は，2組のダイヤモンド型格子が，相互の隙間に入り込んだ"相互貫入型（interpenetrating structure）"と呼ばれる構

注4) P. W. Bridgman：ハーバード大学教授．1946年にノーベル物理学賞を受賞．

造で, 一見すると大変に複雑です. しかし, よくよく見ると, 体心立方晶の8個の単位胞を上下, 左右に接合した構造と同型で, 空間充填率は体心立方晶と同等の0.68です. つまり, 氷VIIは本来の四面体配位を保持したH_2Oの, 究極の最密相と考えてよいでしょう.

変身する結晶と変身しない結晶

氷についての以上の考察を踏まえて, 金属や, 半金属を超圧縮した場合の状態変化を概観してみましょう.

図6の□印(または太字)は, 加圧変態が確認されている元素で, 周期表の左端のアルカリ金属(K, Csなど)と, 右端の半金属(Bi, Teなど)は, 加圧変態します. 何故かというと, アルカリ金属は一般に原子間の結合が弱くて, 弾性係数[6)7)]が小さいので, 圧縮によって構造が変化します. また, 半金属は空隙の多い特異な構造なので, 加圧すると高密度の結晶に変態するというわけです.

一方, 周期表中央の元素は, 原子充填率の高いfcc, hcpあるいはbcc金属で, 弾性係数が大きいので, 加圧変態は滅多に起こりません.

特例はFeの130 kbar変態(bcc→hcp)と, Ti, Zrのhcp→ω(オメガ)変態だけです.

次節では, このFeの加圧変態について考えましょう.

εFe(稠密六方晶)の発見

bccのαFeを常温で圧縮すると, およそ130 kbarで体積が異常収縮し, 同時に, 電気抵抗が約2.5倍に急増します[8)]. この加圧変態は130キロバール変態と名付けられ, 当初はαFe(bcc)からγFe(fcc)への変態, すなわちA_3変態が超圧縮によって常温まで低下したものであろうと推定されていました.

ところが, ジャミーソンら[9)]は高圧装置内でのX線解析によって, 生成相はγFeではなく, hcpの**イプシロン鉄**(εFe)であることを確認しました. この結果, Fe高圧状態図は図7(左)に示すような, bcc, fcc, hcp 3相が平衡する三重点(B)をもつものに修正されて, 今日に到っています.

(その2）H₂OとFeとCの超高圧状態図

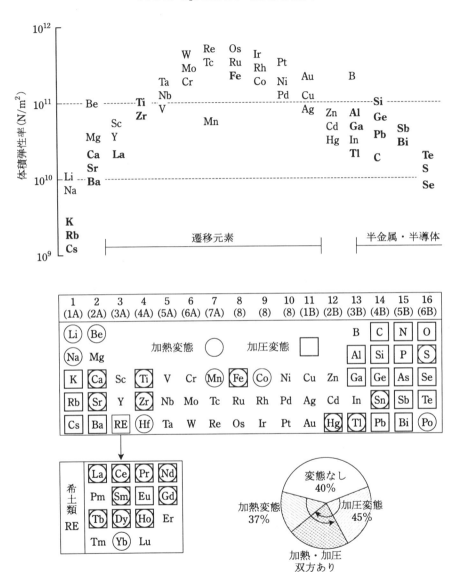

図6 超高圧によって変態する金属（太字または□印）．体積弾性率はKittel[6]とBarrettら[7]の教科書の値を採用した．

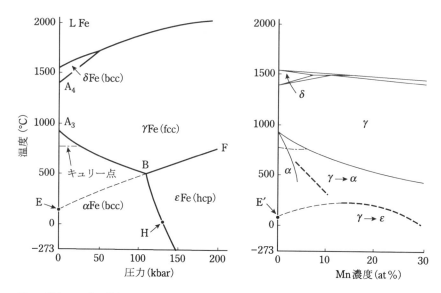

図7 (左)Feの高圧状態図(H点は130キロバール変態点)，(右)Fe-Mn系(常圧)のγ→ε変態開始線を0%Mnに延長したE′点は純Feの常圧におけるγ⇄ε平衡点(E)にかなり近い．

なお，鉄鋼材料の分野ではε相は新顔ではなく，すでに1930年頃に，Fe-Mn系やFe-Cr-Ni系などの合金に見出されていました．図7(右)がその一例で，12％以上の高Mn鋼を高温から冷却すると，γ(fcc)からε(hcp)への**マルテンサイト変態**(太い破線)が起こります．このγ→ε変態の開始線を0%Mnに延長したときの変態点(E′)が，図7(左)のγFe⇄εFe平衡線(BF)を常圧に延長したときのE点にかなり近いことは，超圧縮によって生成するεFeがマルテンサイト変態によるεFeと同類であることを示しています[10]．

人工ダイヤモンドへの挑戦

宝石の女王・ダイヤモンドが真黒い黒鉛と同属の"炭素の結晶"であることは，かなり昔から知られていました．そして，黒鉛(比重2.25)を圧縮してダイヤモンド(比重3.52)に変換することを夢見た実験が幾度も試みられたのです

が，ことごとく失敗しました[5]．

しかし，1954〜1955年に，アメリカのGEとスウェーデンのASEAの研究者が相次いでダイヤモンド合成の夢を実現しました[11]．この成功の鍵は何だったか？を考えてみましょう．

まず第一の鍵は，炭素の高圧状態図が地道な努力によって，図8のように確定されたことです．とくに，黒鉛とダイヤモンドとが平衡する温度と圧力の関係（T_1-T_3線）が，サイモンら[12]の熱力学的な計算と実測によって，次式のように定められて，羅針盤の役割を担いました．

$P[\text{kbar}] \approx 11.3 + 0.029T(℃)$

上式によると$T=2000℃$では，$P>70$ kbarとすれば，ダイヤモンドが生成す

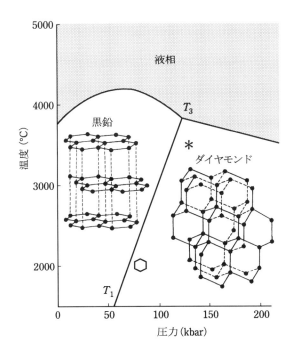

図8 炭素の高圧状態図．（＊印：直接法によるダイヤモンド生成の条件[13]，◯印：溶剤法によるダイヤモンド生成の条件）

る筈です．しかし，この条件で**黒鉛だけを**圧縮しても，ダイヤモンドは生成せず，後年にバンディー[13]がはるかに高温(3500℃)，高圧(130 kbar)の条件でようやく合成することができました(図8＊印)[11]．

これに対してGEとASEAでは，黒鉛だけでなく，**黒鉛と金属**(Fe, Niなど)の合金を圧縮する方法(後の**溶剤法**：flux method)によってダイヤモンドを生育させました．

ダイヤモンド合成のメカニズム

上記のダイヤモンドの合成法は，図9に示したFe-C系の高圧状態図[14]を参照すると，つぎの反応式によって表わされます．

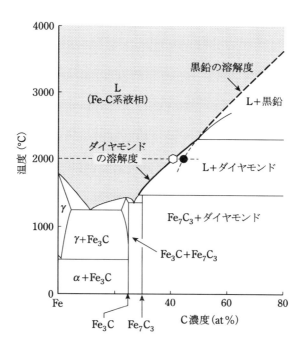

図9　超高圧(80 kbar)におけるFe-C系状態図[14]

(その2) H₂OとFeとCの超高圧状態図

$$\text{黒鉛} + \text{液相}(\bullet) \xrightarrow[\text{80 kbar}]{\text{2000°C}} \text{ダイヤモンド} + \text{液相}(\bigcirc)$$

つまり，準安定な黒鉛がFe-C系の液相に溶け込んで，安定なダイヤモンドとして晶出するというわけです．

この溶解－晶出の速度はC原子の拡散によって律速されるので，拡散距離を概算してみましょう．

まず，2000°CのFe-C系液相中の拡散係数は図10(左)の◯印のように，$D_C^l \approx 10^{-7}$ m²/sですから，1時間あたりの拡散距離は$\sqrt{2Dt} \approx 30$ mmと推定されます．従って，ミリ単位のダイヤモンドが生成しても不思議ではありません．

一方，黒鉛だけを圧縮する場合は，黒鉛中のC原子の拡散係数[15]が図10(左)の実線のように求められているので，1時間あたりの拡散距離(▲印)は2000°Cでは$\sqrt{2Dt} \approx 10$ nmに過ぎません．従って，**黒鉛だけ**を圧縮する**直接法**では，ダイヤモンドの育成が困難と推察されます．

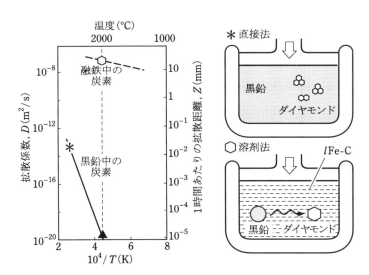

図10 Fe-C系液相を溶剤とするダイヤモンドの生成．(左)C原子の拡散係数[15]，(右)生成の基本メカニズム．

なお，上記の金属液相を温床とする結晶の育成は，その後，BNやSiCなどの高融点化合物の合成にも応用されてきました[11]．

最近，メタンなどの炭化水素を**低圧下**で分解して，**薄膜状ダイヤモンド**を合成する技術が普及しつつあります．厚さ1 mm以下の多結晶薄膜で，ドリルなどの工具や，高音域のスピーカー，録画用ディスクなどの表面コーティングに利用されています．詳しくは文献[16]をご覧下さい．

参考文献

1) 倉田保雄：エッフェル塔ものがたり，岩波新書 **228** (1983), 116
2) 小泉光恵：100万人の金属学・科学編，アグネ (1966), 67〜69
3) 中沢護人：鉄のメルヘン，アグネ (1975), 277
4) 前野紀一：氷の科学，北大図書刊行会 (1995), 163
5) 川井真人：超高圧の世界，講談社ブルーバックス B-311 (1977), 51, 142
6) C. Kittel著，宇野良清，津屋昇，森田章，山下次郎 訳：固体物理学入門，丸善 (1978), 80
7) C. R. Barrett, W. D. Nix, A. S. Tetelman著，井形直弘，堂山昌男，岡村弘之 訳：材料科学2，材料の強度特性，培風館 (1980), 170
8) D. Bancroft, E. L. Peterson and S. Minshall: J. Appl. Phys., **27** (1956), 291
9) J. C. Jamieson and A. W. Lawson: J. Appl. Phys., **33** (1962), 776
10) 石田清仁，西沢泰二：イプシロン鉄の安定性に及ぼす合金元素の影響，日本金属学会誌，**36** (1972), 1238
11) 若槻雅男：極限状態の物性工学・超高圧下の物質合成，オーム社 (1969), 159
12) R. Berman and F. Simon: Z. Elektrochem., **59** (1955), 333
13) F. P. Bundy: J. Chem. Phys., **38** (1963), 631
14) A. A. Zhukov et al.: Acta Metall., **21** (1973), 195
15) W. D. Kingery et al.: Introduction to Ceramics, John Wiley & Sons (1976), 240
16) W. D. Callister著，入戸野修監訳：材料の科学と工学(4)材料の構造・製法・設計，培風館 (2002), 19

状態図・七話（その3）
ジュラルミンの状態図

Al の製錬

Al(クラーク数8.2)はFe(クラーク数5.6)よりも豊富に存在する元素です.しかし,Alの鉱石はAl_2O_3を主体とする安定な化合物ですから,単体のAlを抽出することが困難でした.このために,元素としてのAlが確認されたのは,ウラン(1789年)などの稀少元素よりもはるかに後年の1825年で,発見者は物理と化学の双方で活躍したエールステッド[注1]でした[1)2)].

彼のAlの製法は,Al_2O_3をClやKによって還元する**化学還元法**で,当初は"金よりも高価"でした.しかし,後継者たちの改良によって,1880年ころには10

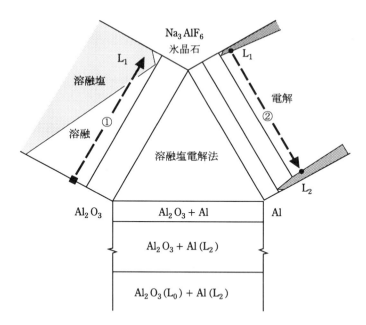

図1 ホール・エルーの溶融塩電解法の原理

注1) H. C. Oersted (1777〜1851);デンマークの物理・化学者.電磁気学の開祖の1人で,磁場の強さのCGS単位(Oe)はエールステッドに因む.

(その3) ジュラルミンの状態図

表1 ジュラルミンの誕生と発展

西暦	合金の開発	状態図	組織の解析	
1880	(1886)ホール・エルー Al電解製錬			
1900	(1906)ウィルム ジュラルミン			←(1903)ライト兄弟初飛行
1920		(1919)メリカ Al-Cu系	(1926)フォルマー・ウェーバー 核生成理論	(1914~1918)第1次大戦
1940	(1936)五十嵐・北原 超々ジュラルミン	(1936)ハンゼン 2元状態図集(初版) (1937)西村 Al-Cu-Mg系	(1938)ギニエ・プレストン G.P.ゾーン	(1939~1945)第2次大戦
1960			(1963)ゲロルド ゾーンの解析	←(1957)人工衛星 ←(1969)月面着陸

ドル/kg程度となり,さらに,2人の卓越した技術者,エルー[注2]とホール[注3]が1886年に**溶融塩電解法**(ホール・エルー法)を提案して,Al製錬の工業化を実現しました[3]．

図1はこの方法の3元状態図による説明です．

まず,融点が約1000℃の氷晶石(Na_3AlF_6)を溶剤(flux)として,Al_2O_3の溶融

[注2] P. L. Héroult(1863~1914);フランス・ノルマンジーの生まれ．1886年4月に溶融塩電解によってAlを製造する方法の特許を出願．当年23歳．
[注3] C. M. Hall(1863~1914);アメリカ・オハイオ州生まれ．1886年7月に,エルーとほぼ同じ内容の特許を出願し,1889年にアメリカ特許を取得．奇しくも,エルーと同年に誕生し,同年に他界した．

塩(L_1)を作ります．つぎに，炭素棒を電極として電解すると，金属Al(L_2)が生成して，電解浴槽の底に溜まるというわけです．

この製錬法の確立によって，Alは目覚ましい躍進を遂げ，重厚型のFeに対抗する軽快型の材料のチャンピオンとなります(表1)．とりわけ，今回の話題のジュラルミンは最も際立った新素材で，長年にわたって金属学会のメイン会場の花形でした．

時効硬化の発見

1906年9月の土曜日に，ドイツ理工学研究センター金属部の部長ウィルム(写真1(左))は，助手のヤブロンスキーとAl-4％Cu-0.5％Mg合金の焼入実験を行いました．しかし，目的とした焼入硬化は発現されずに正午になったので，実験を中断し，翌週の月曜日に実験を再開して，硬さの"異変"に気付きます．

図2は，5年後の1911年に公表された常温時効硬化曲線[4]で，520℃から急冷したときには$H_B \approx 70$だった合金が，24時間の放置によって$H_B \approx 100$になっていたのですから，さぞ驚いたことでしょう[5]～[7]．

当時のAlは，ホール・エルーの溶融塩電解法による工業生産が開始されて間もない新金属でした．その上，ライト兄弟の初飛行(1903年)が成功したばかり

ウィルム(1869～1937)　　ハンゼン(1901～1978)

写真1　ジュラルミンと状態図集の生みの親

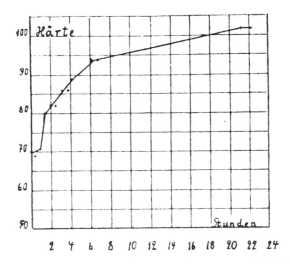

図2　時効硬化曲線の第1号（A. Wilm[4]）（縦軸：ブリネル硬さ，横軸：時効時間）

でしたから，Al-Cu系を基本とする強力・軽合金は各方面から注目され，アーヘン近くの工場（Dürener Metallwerke）で製造されて，**duralumin**と呼ばれるようになりました[注4]．

このジュラルミンの時効硬化が，Alに対するCuの固溶度の変化に基因することを指摘したのは，アメリカ度量衡局（NBS）のメリカら[8]でした．彼らは光学顕微鏡観察によってAl-Cu系の固溶度が，図3（上）のように，温度低下に伴って減少することを確認し，**コロイド状のAl_2Cuの微細粒子**が，時効によって生成したために硬化が起こったと推定しました．

図4に明らかなように，メリカの研究（1919年）は，第1次大戦のために中断されていた状態図の研究が，ようやく再開されて，第2次大戦の開始（1939年）まで続いた**状態図の黄金時代**の開幕を告げる一番鶏でした[10]．

この頃から，X線回折法によるミクロ組織の解析が各国に普及して，合金状

注4）ジュラルミンの名前の由来には以前から（i）町の名（Düren；ジューレン）と，（ii）ラテン語（dürus＝強い）の2説がありました．2006年9月に来日したマクス・プランク金属研究所のLück教授に伺ったところ，（i）と（ii）の双方に配慮した工場主の命名だったそうです．

(その3) ジュラルミンの状態図

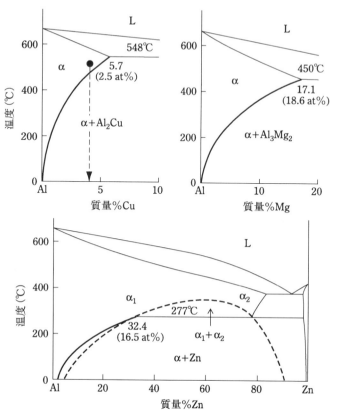

図3 Al-Cu[8], Al-Mg[8], Al-Zn系[9]の固溶度線. Al-Cu系の矢印はウィルムのジュラルミンの組成. Al-Zn系の太い破線は2相分離線(後掲の図6参照).

態図の内容は一段と充実し，状態図は**合金の地図**といわれるようになります．この地図に関する論文を丹念に調べあげて，合金の地図帳(Atlas)と称される**状態図集**を作り上げたのが，ドイツのハンゼン(写真1(右))でした[注5]．

注5) Max Hansen；ゲッチンゲン大学でG. Tammannに学び，ベルリンのカイザーウィルヘルム研究所に在職中に，828系の2元合金状態図集(1936年，ドイツ語版)[11]を発刊．第2次大戦後，イリノイ大学で8年間，Al, Mg, Ti系状態図を研究し，1334系の2元合金状態図集(1958年，英語版)[12]を刊行した．

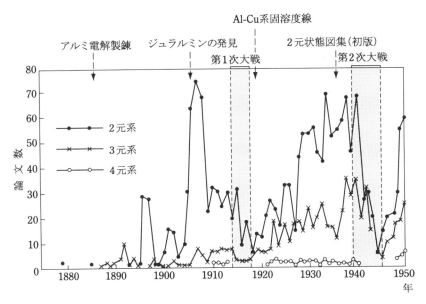

図4 合金状態図の研究の歩み[10]

G.P. ゾーンの発見

1938年に,フランスのギニエ[13]と英国のプレストン[14]は,それぞれ独立に,常温で時効したAl-4%Cu合金のX線解析を行い,ラウエ斑点(spots)が写真2のように,線条(streaks)になることを発見します.そして,線条の発生源が母相Alの{100}面上に生成したCu原子の**面状集合体**であることを突き止めました.

この発見を記念して,"G.P.ゾーン"と称されるようになった集合体のモデル(写真2(下))[13]は,写真3に示した近年の高分解能電子顕微鏡像[15]と見事に符合します.

従って,Al-4%Cu合金の常温時効硬化が,Al_2Cuの**コロイド状微細分散**にもとづくと考えたメリカらの推定[8]は,おおよそ妥当だったといえるでしょう.

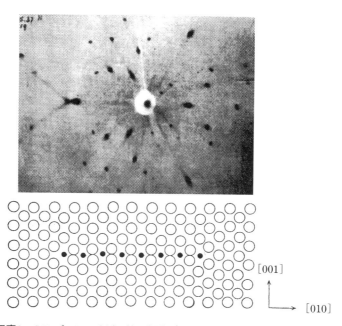

写真2　G.P.ゾーンの（上）X線回折像[14]と（下）ゾーンのモデル[13]

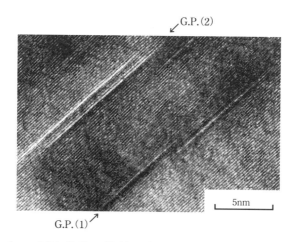

写真3　G.P.ゾーン高分解能電子顕微鏡像[15]（白い縞はAlの{100}格子．コントラストの強い白い層はCuの集合体で，単層のものはG.P.(1)．2層のCuの間に3層のAlが生成しているのはG.P.(2)）．

しかし，G.P.ゾーンは本来，析出の第一段階に現れる準安定集合体ですから，平衡状態図に記載されている安定相(Al_2Cu)とは本質的に相違する筈です．

そこで，原点にもどって，2相分離現象の基本を復習しましょう．

2相分離現象とは？

水とフェノール(石炭酸ともいう)を70:30の割合でフラスコに入れ，約80℃の温浴にしばらく漬けると，透明な単相溶液(L)になります(図5(a))．つぎに，温浴からフラスコを取り出して常温に冷やすと，アッ！と驚くほどの速さで乳濁液に変化します(図5(b))．その後，1～2時間放置すると，透明度を取り戻して，2液相(L_1+L_2)になります(図5(c))．

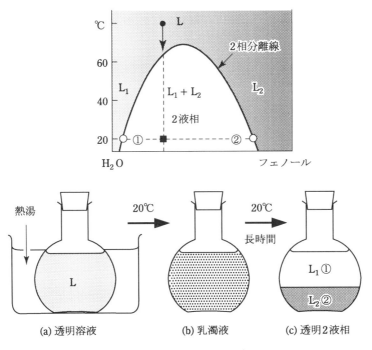

図5 水－フェノール(C_6H_5OH)の2液相分離

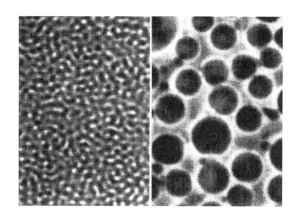

写真4 2相ポリマーの光学顕微鏡写真(×1000). (左)はスピノーダル分解によって生成した格別に微細な2相分離組織. そのメカニズムについては文献[16]を参照.

　この(b)の乳濁液は，顕微鏡観察すると，直径0.1〜50 μmのフェノールの液滴と水との混合体(エマルジョン)であり，写真4はその類例です(水－フェノール系2液相はブラウン運動がはげしくて，写真撮影できないので，粘性の大きいスチレン系2相ポリマーの光学顕微鏡写真[16]を借用しました).

　以上のような2相分離現象は，固相でも生起する筈で，図6に最も単純な場合を示しました．

　ここで○はA原子，●はB原子．AとBが反発する場合には，○だけの集団と●だけの集団に分離する傾向があります．この分離の度合いは通常，温度が低いほど強くなるので，マトリックスα_1と析出相α_2の組成は，図6(左上)の平衡状態図に太線で示したようなヘルメット状の曲線で示されます．これを2相分離線，または溶解度ギャップ(miscibility gap)といいます．

　ところで，現実のAl-X系状態図を調べてみると，2相分離線が明確に現れているのは，前掲の図3(下)に示したAl-Zn系です．実際に，Al-Zn系合金の時効組織中にはZn原子が集合した粒状G.P.ゾーンが確認されていて，1936年に住友金属の五十嵐・北原両氏が開発した超々ジュラルミン(ESD)は，6〜9%Zn

(その3) ジュラルミンの状態図

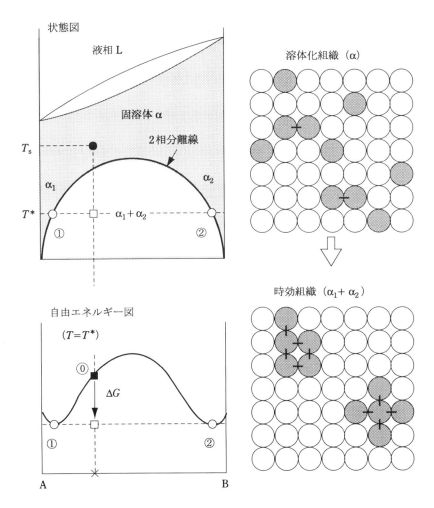

図6 AとBが反発する場合の時効組織のモデル(時効によって ⬤−⬤ の数が増える．①と②は時効温度(T^*)における平衡組成．左下図のΔGは2相分離の駆動力)．

を主要添加元素とする高強度Al合金でした[7)17)].

しかし，Al-Zn系以外のAl-Cu系やAl-Mg系などでは，G.P.ゾーンの生成が確認されているにも拘わらず，状態図中には2相分離線に該当する平衡線が見当たりません．

この原因は，Al-X系の2相分離が，上記のように単純なメカニズムで進行するのではないためで，マクス・プランク金属研究所のゲロルド[5)18)]によって見事に解明されました．

規則化にもとづく2相分離

"規則化"とは，A原子とB原子が引き合って，交互に配列する現象です．一方，"2相分離"はA原子とB原子が互いに反発する場合に見られますから，両者は相反する現象です．しかし，図7(右)の白い玉と黒い玉は交互に並んでいて，規則化の特徴をもつと同時に，黒・白の集団は粒状，あるいは面状のゾーンを形成しています．

そこでゲロルドらは，最近接するA原子とB原子は引き合うのに対して，第2近接するAとBは反発する場合の原子配置とX線回折図形を，総数280個の白と黒の球でモデル化して，現実のG.P.ゾーンから得られるX線回折像と対応することを示しました．

図7(左)は，上記のモデルにもとづく自由エネルギーと状態図の概略図です．詳しい計算結果については，文献[18)19)]を参照してください．

(その3) ジュラルミンの状態図

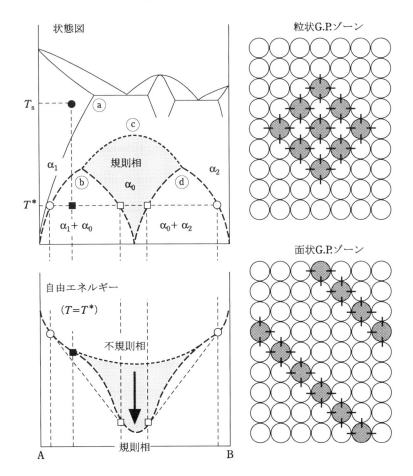

図7 AとBが引き合う場合の時効組織のモデル(状態図(左上))の細線は安定系平衡図．太い点線は規則化の開始曲線．太い破線は規則化に基づく2相分離線．ⓑとⓓは角状臨界点*)．

---

*角状臨界点：AとBが**反発し合う合金系**の状態図には，"半円形"の2相分離線が現れます．しかし，AとBが**引き合う合金系**でも，不規則相と規則相との2相分離が起こることがわかってきました．この種の2相分離線は半円形ではなく，頂上が"角状(horn)"になるので，**角状臨界点**をもつ2相分離と呼ぶ人が増えています．

(その3) ジュラルミンの状態図

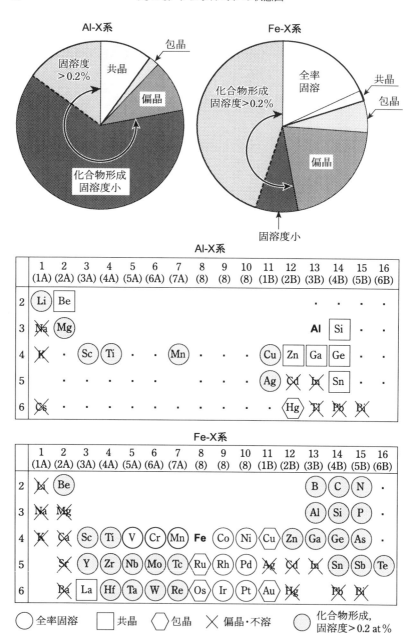

図8 Al-X系とFe-X系の状態図の対比(希土類と7周期元素を省略. ・印は固溶度0.2 at%以下)

Al-X 系と Fe-X 系の状態図

Al-X系とFe-X系の状態図を通覧すると,下記の相違点が目につきます.
(i) Alへの固溶度が0.2%以上の元素は12種だけです(Fe-X系では約40種).
(ii) Alと結合して,金属間化合物を形成する元素は36種もあります(Feの場合は25種).

両者のアロイ・デザインは,それぞれの特徴を生かして,今後も続くことでしょう.

図8に,それぞれの状態図の対比を図示しました.

参考文献
1) 小林藤次郎:アルミニウムのおはなし,日本規格協会(1985), 8
2) 朝日百科・世界の歴史10・金属との出会い,朝日新聞社(1989), 57
3) 谷内研太郎:ホール・エルー製錬法100周年,日本金属学会会報, **25**(1986), 941
4) A. Wilm: Metallurgie, **8** (1911), 225
5) 幸田成康監修,河野修,根本実 他著:合金の析出,丸善(1972), 2, 55, 95
6) H. Y. Hunsicker and H. C. Stumpf: History of Precipitation Hardening, The Sorby Centennial Symposium on the History of Metallurgy, AIME (1965), 271
7) 村上陽太郎:ジュラルミンの発明以来一世紀,金属, **76** (2006), 302
8) P. D. Merica, R. G. Waltenberg and J. R. Freeman, Jr.: Bureau of Standards, Circular, No.76 (1919)
9) W. L. Fink and L. A. Willey: Trans AIME., **122** (1936), 244
10) 長崎誠三,平林眞:二元合金状態図集,アグネ技術センター(2001), 337
11) M. Hansen: Der Aufbau der Zweistofflegierungen, Julius Springer, Berlin (1936)
12) M. Hansen and K. Anderko: Constitution of Binary Alloys, McGraw-Hill Book Company (1958)
13) A. Guinier: Nature, **142** (1938), 569
14) G. P. Preston: Proc. Roy. Soc., **A167** (1938), 526
15) 高橋恒夫,神尾彰彦:非鉄材料,講座・現代の金属学 材料編 第5巻,日本金属学会(1981), 91

16) 高分子学会編:高分子ミクロ写真集, 培風館(1986), 28
17) 飯島嘉明:超々ジュラルミンと五十嵐勇, 金属, **76**(2006), 1132
18) V. Gerold: Z. Metallk., **54** (1963), 370
19) 西沢泰二:ミクロ組織の熱力学, 講座・現代の金属学 材料編 第2巻, 日本金属学会 (2005), 189

状態図・七話（その4）
計算状態図の源流

ソロバンと対数表で…

1966年の春．筆者はストックホルムの工科大学で，Fe-C-X系状態図の"実験と解析"に懸命でした．この研究はヒラート先生（写真1（左））が，東北大学の和田次康・春枝夫妻[1]との協同で立ち上げたプロジェクトで，最新鋭のマイク

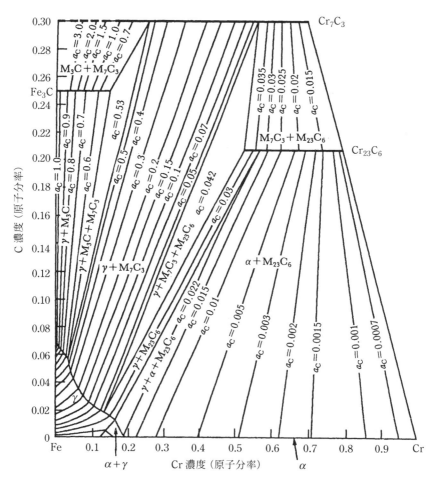

図1 ソロバンと対数表によって計算したFe-C-Cr系（1000℃）の状態図[2]．a_Cは炭素の活量．

(その4) 計算状態図の源流

ヒラート　　　　　　カウフマン
（Prof. Mats Hillert）　（Prof. Larry Kaufman）

写真1　CALPHADのパイオニア

ロ・アナライザーなどが既に稼動していましたから，"実験"は順調でしたが，しかし，"解析"が大変でした．

何しろ，当時の計算機は"機械式"で，図体が大きいのに機能は足し算・掛け算だけ．しかも，大きな騒音を発するので，筆者は日本から持参した**ソロバン**と**対数表**を使って，相平衡を計算しました．図1がその成果[2]の一例で，正直なところ，ヘトヘトでした．ですから，この種の計算状態図は，将来も，主要な合金系に限られるだろうというのが筆者の予想でした．

ところが，ヒラート先生の胸の内はかなり違っていて，"将来は**すべての状態図**が計算機によって産み出されるだろう"という，夢のような構想が膨らんでいたのです．

計算状態図のもう1人の先達は，ヒラート先生がMIT（マサチューセッツ工科大学）に留学したとき以来の親友カウフマン教授（写真1（右））で，1970年に最初の解説書[3]を出版し，さらに，国際研究集会（CALPHAD）を発足させました（図2）．このCALPHADの誕生の頃については，文献[4)5)]を参照してください．

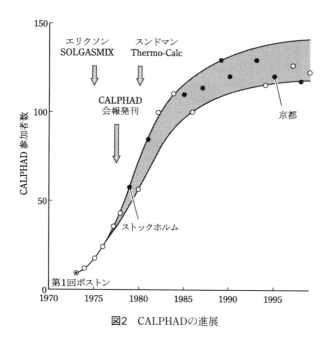

図2　CALPHADの進展

理論状態図の盛衰

　合金状態図は合金設計のための**地図**ですから，実験に基づいて作成するのが理想です．しかし，"実験"だけでは2元系合金が限界で，3元系合金のすべてを実験だけで探求しようとしても，やがて行き詰まることは明白です．

　一方，状態図の理論的な探求はギブス[注1]の相律（1876年）を出発点として，堅実な進展が続けられていました．とくにヨーロッパでは，ファント・ホッフ[注2]やオストワルド[注3]の提唱によって，状態図を熱力学的に解析する試みが

注1) J. W. Gibbsについては本書（その1）を参照.
注2) J. H. Van't Hoff (1852〜1911)，オランダの化学者，アムステルダム大学とベルリン大学の教授，1901年第1回ノーベル化学賞を受賞.
注3) F. W. Ostwald (1853〜1932)，ドイツの化学者，ライプチヒ大学教授，1909年ノーベル化学賞を受賞，長男のW. Ostwaldはコロイド化学の開拓者で，微粒子のオストワルド成長を発見した.

(その4) 計算状態図の源流　51

表1　CALPHADの誕生まで

西暦	状態図の解析	関連事項	
1880	(1876)ギブス/相律	(1877)ボルツマン/$S=k\ln W$	←明治維新 (1868)
1900	(1897)リチャーズ/融解則 (1908)**バン・ラール**/ **基本状態図の解析**	(1907)ルイス/活量	
1920	(1929)ヒルデブランド/ 正則溶体モデル	(1936)ヒューム・ロザリー/合金則	⎱(1914〜1918) ⎰第1次大戦
1940		(1948)ショックレー/ トランジスター	⎱(1939〜1945) ⎰第2次大戦
1960	(1970)ヒラート・スタファンソン/ 副格子モデル (1973)**カウフマン/CALPHAD発足**	(1957)カステイン/ マイクロアナライザー (1968)テキサス・インスツルメント/ LSI (1975)エリクソン/ 相平衡計算ソフト	←東京オリンピック (1964) ←大阪万博 (1970)
1980			

20世紀初頭に開花しました．なかでも，バン・ラールの理論状態図[6]がもっとも広く知られています(表1)．

　この頃，東京大学の池田菊苗も，理論状態図に関する論文[7]を発表していました．最近の解説書[8]によると，池田は1899年から2年間，オストワルドの研究室で"溶体の熱力学"を学び，数篇の論文を遺しましたが，帰国後はグルタミン酸ナトリウム(味の素)の発明に専念したために，状態図の研究は未完に終りました．

　その後，本邦における合金の熱力学の主流は，規則－不規則変態などの物性物理学的なテーマに移って，状態図の研究は停滞しました．ただし，東工大の

写真2 ベル研究所の半導体トリオ(左から J. Bardeen (1908〜1991), W. Shockley (1910〜1989), W. H. Brattain (1902〜1987))

高木・長崎は例外で,外国文献の入手が困難だった戦中戦後の混乱期にも拘らず,計算状態図についての優れた論文[9]を発表していました.

しかしその頃,アメリカ・ニュージャージーのベル研究所で,ショックレーたち(写真2)によるトランジスター革命[10][11]が密かに開始されていました.そして筆者が,ソロバンを使って状態図を計算していた頃に,電子式卓上計算機(=電卓)が本邦でも試作され,1970年代にはパソコンが普及しはじめます.

この結果,状態図の研究のネックだった計算のスピードが"ウナギのぼり"に向上して,長い間"縁の下の力持ち"を強いられてきた理論状態図が,ようやく脚光を浴びる時代となりました.

状態図計算のあらすじ

ここで,状態図の計算法の概略を説明しておきましょう.その手順は,バン・ラールや高木・長崎の時代も,現在のコンピューター時代も,原理は同じで,まず,適切と考えられる"溶体モデル"によって各相の**自由エネルギー**を近

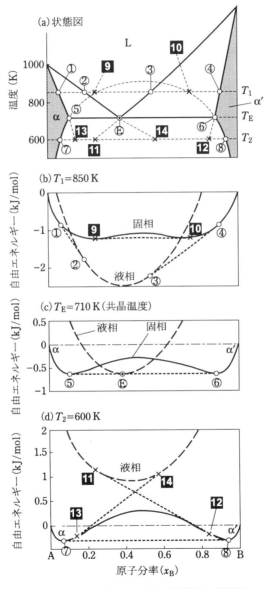

図3 共通接線則による共晶型状態図の計算例
($T_A=1000$ K, $T_B=1300$ K, $\Omega_{AB}^L=0$, $\Omega_{AB}^S=+15$ kJ/mol)

似します.

通常の合金では置換型固溶体が主役ですから，**正則溶体モデル**を用いますが，Fe-C-Cr系のように侵入型固溶元素を含む場合には，**副格子モデル**の方が精度の良い結果を期待できます[注4].

つぎに，近似式中のパラメーターを実験値に基づいて数値化して，自由エネルギー曲線を画き，最後に，**共通接線則**によって互いに平衡する相の組成を求めて，温度-組成図中にプロットすると，状態図ができ上ります.

例えば図3は，最も単純な共晶型合金の場合で，T_1，T_E，T_2の温度における固相(実線)と液相(破線)の自由エネルギー曲線に，①----②，③----④などの共通接線を画いて，接点の組成を連結すれば，状態図(a)の初晶線と液相線が得られます.

詳細は解説記事[4)12)~14)]を参照してください.

体心立方晶のAlの融点は？

上記の図3では，AとBが同じ結晶構造の場合について説明しました．しかし

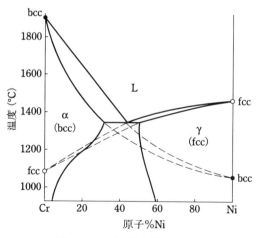

図4　Cr-Ni系の液相線と固相線

注4)副格子モデルについては(その5)で説明します.

表2 純金属のfcc, bcc, hcp状態での融点(℃)

金属	fcc	bcc	hcp	金属	fcc	bcc	hcp
Al	**661**	-179	268	Mg	436	486	**650**
Cr	1078	**1907**	1106	Ni	**1455**	1048	1276
Fe	1528	**1538**	1064	Ti	1148	**1670**	1420

太字は真の融点. 細字は準安定系融点.

例えばCr(bcc)とNi(fcc)のように,結晶構造が異なる場合には,bccでの融点(T_{Cr}^{bcc}とT_{Ni}^{bcc})と,fccでの融点(T_{Cr}^{fcc}とT_{Ni}^{fcc})の双方を知らないと,図4のような液相線と固相線を計算できません.

この問題に早くから取り組んで,各種の合金系の初晶線から成分金属の融点を割り出したのが,前記のCALPHADの創始者・カウフマン教授[15]でした. その後,準安定系融点は幾度も改定されましたが,表2はその代表例[16]です. この表によると,もしもAlが面心立方晶ではなくて,体心立方晶だったら,その融点は-179℃(=94 K)です. まさか?と思われるかもしれませんが!!

基本状態図一覧

正則溶体モデルの相互作用パラメーターΩ_{AB}の値をいろいろに変えて,液相と固相の平衡を丹念に計算すると,図5のような状態図の一覧表が得られます. この中で,太線で示した全率固溶型,共晶型,包晶型,偏晶型と合成型の5種類は,2元系における固/液平衡の基本系です.

この他に,同素変態が起こる合金系では,共析型,包析型,モノテクトイド型と再融型の4種類が加わりますが,これらは材料組織学の必須項目ですから,解説は省略いたします. なお,正則溶体近似式や,相互作用パラメーター(Ω_{AB}),化学ポテンシャル(μ_A, μ_B)などの定義を忘れてしまった方々のために,メモ(図6)を付記しました.

ところで,図5の縦軸と横軸のパラメーターをすべて,$\Omega_{AB} \geq 0$としている点に

(その4) 計算状態図の源流

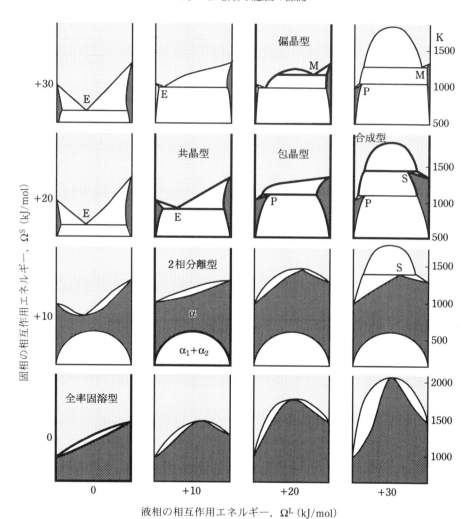

図5 正則溶体モデルによる計算状態図一覧

(その4) 計算状態図の源流

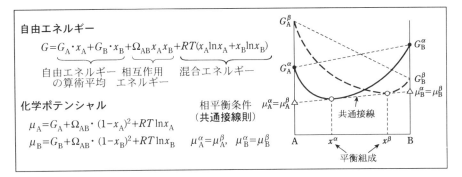

図6　正則溶体近似による状態図の計算(メモ)

　お気づきでしょうか？ 実は，$\Omega_{AB}<0$の場合には"規則化"が起こるので，状態図が複雑になり，収拾がつかなくなってしまうのです．しかし，現実の合金では$\Omega_{AB}<0$の場合が多いので，この条件での状態図一覧こそ，将来の合金設計に必要なのではないかと筆者は考えます．

　計算状態図は現在，急激に進歩・普及していて，ソロバン世代の筆者は完全に"置いてきぼり"になってしまいました．そこで今回は，計算状態図の誕生から，CALPHADが軌道に乗る頃までの"古代"にスポットを当ててみました．すこしでもご参考になれば幸いです．

参考文献
1) M. Hillert, T. Wada and H. Wada: J. Iron Steel Inst., **205** (1967), 537
2) T. Nishizawa: Thermodynamic Study of Fe-C-Mn, Fe-C-Cr and Fe-C-Mo Systems, Report No.4602, Swedish Council for Applied Research, Stockholm (1967)
3) L. Kaufman and H. Bernstein: Computer Calculation of Phase Diagrams, Academic Press (1970)
4) 長谷部光弘, 西沢泰二：最近の状態図に関する研究－コンピュータによる状態図の計算, 日本金属学会会報, **11** (1972), 879

5) N. Saunders and A. P. Miodownic: CALPHAD (Calculation of Phase Diagrams), Pergamon (1998)
6) J. J. Van Laar: Z. Physik. Chem., **63** (1908), 216, **64** (1908), 257
7) K. Ikeda: Studies on the chemical theory of solutions. Part I, 東京大学理科大学紀要, **25** (1908), 10
8) 広田鋼蔵:化学者 池田菊苗,科学のとびら20,東京化学同人(1994), 207
9) 高木豊,長崎誠三:日本金属学会・分科会報告,合金の平衡状態図論,(1947)
10) 水島宜彦:情報革命の軌跡,裳華房ポピュラーサイエンス(2005), 2
11) 平田寛編著:歴史を動かした発明,岩波ジュニア新書(1983), 122
12) 西沢泰二:平衡状態図のコンピュータ解析,日本鉄鋼協会・西山記念技術講座(1989)
13) 大谷博司,長谷部光弘:析出物の溶解度の熱力学,日本鉄鋼協会,ふぇらむ, **11** (2006), 457
14) 大沼郁雄:計算状態図に用いられる熱力学パラメータの評価方法,日本鉄鋼協会,ふぇらむ, **11** (2006), 577
15) L. Kaufman: Phase Stability in Metals and Alloys, Ed. by P. S. Rudman, J. Stringer and R. I. Jaffe, McGraw-Hill (1967), 125
16) N. Saunders, A. P. Miodownik and A. T. Dinsdale: Calphad, **12** (1988), 351

状態図・七話（その5）
多元系化合物の状態図

III-V 化合物と炭・窒化物の結晶構造

今回の主役は,発光ダイオードなどで人気者のIII-V化合物と,超硬工具などに古くから利用されてきた炭・窒化物です.前者は星の王子様.後者は仁王様

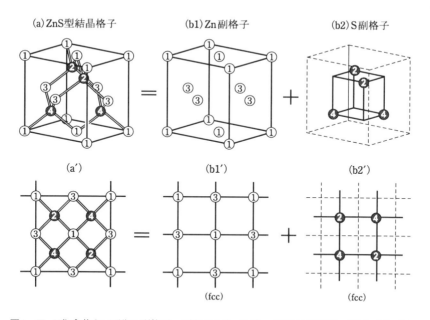

図1 III-V化合物(ZnS型)の副格子.下段の(a′),(b1′),(b2′)は平面図.○は4個の●に囲まれ,逆に●は4個の○に囲まれている.

といった感じで，全く異分野の材料ですが，しかし双方ともに，"2組の面心立方格子"を組み合わせた構造の結晶ですし，状態図にも顕著な類似が見られます．

まず，Ⅲ-V化合物は，周期表3BのAl, Ga, Inと，5BのP, As, Sbが1：1の割合で結合したZnS型の結晶で，図1(a)のように，ちょっと複雑な構造です．しかしZn原子(○)だけの(b1)と，S原子(●)だけの(b2)の"副格子"に分解すると，(b1)はどなたも御存じのfcc格子．そして，(b2)も1/4コマずつ**斜め方向**にずらしたfcc格子です．

もう一方の炭・窒化物も，後述の図5のように，金属原子(○)とCあるいはN原子(●)だけの"副格子"に分解すると，両者ともにfccですから，Ⅲ-V化合物と同様の思考法で解析できます．

以上のように，複雑な構造の結晶格子を分解して，解析をシステム化する方式を**副格子モデル**(sublattice model)といいます．ストックホルムの工科大学のヒラートとスタファンソンによって1970年に提唱され，多元系化合物などの状態図の解析に不可欠の役割を果たしてきました[1]．

Ⅲ-V 化合物の状態図

最初にGa-P-As 3元系の状態図について考えましょう．構成元素はどれも融点が低くて，とくにGaは30℃で融けます．しかし，ⅢとVが結合したGaPとGaAsは極めて安定で，融点は前者が1470℃．後者は1240℃．これに対してVとVが結合したAsPは不安定で，680℃で分解します．従って，Ga-P-As系化合物は図2(下)のように，GaPとGaAsを基本成分とする**擬2元系**(pseudo-binary)の固溶体であり，GaP-GaAs固溶体，略してGa(P, As)と記します[注1]．

このGa(P, As)の自由エネルギーは"副格子モデル"によると，つぎのように近似されます[2]．

注1) いくつかの成分が溶け合ったイオン結晶や共有結合結晶のことを混晶(mixed crystal)ということがありますが，本書では，結晶の種類に関連なく，固溶体(solid solution)と記します．

(その5) 多元系化合物の状態図

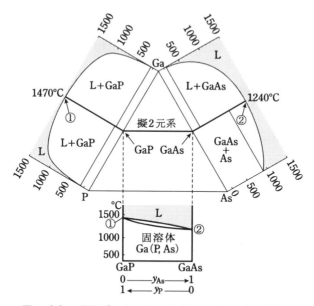

図2 赤色・発光ダイオードの第1号:Ga(P, As)の状態図

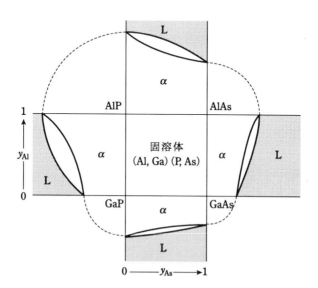

図3 (Al, Ga)(P, As)系の展開図(全率固溶型)

$$G = \underbrace{G_{\text{GaP}} \cdot y_{\text{P}} + G_{\text{GaAs}} \cdot y_{\text{As}}}_{\text{基本成分の自由エネルギー}} + \underbrace{L^{\text{Ga}}_{\text{PAs}} \cdot y_{\text{P}} y_{\text{As}}}_{\text{相互作用エネルギー}} + \underbrace{RT(y_{\text{P}} \ln y_{\text{P}} + y_{\text{As}} \ln y_{\text{As}})}_{\text{混合エネルギー}}$$

な〜んだ！正則溶体近似式[注2]と同じじゃないか!! と反論されるかもしれません．しかし，見掛けは同じですが，パラメーターの内容に工夫が込められているのです．まず，y_{P}とy_{As}は図1の副格子の●印に位置するPとAsの分率であり，$y_{\text{P}} + y_{\text{As}} = 1$．第2項の$L^{\text{Ga}}_{\text{PAs}}$は，これらのP原子とAs原子間の相互作用係数ですが，●－●は第2近接原子対である点に注意して下さい．最も重要な第1近

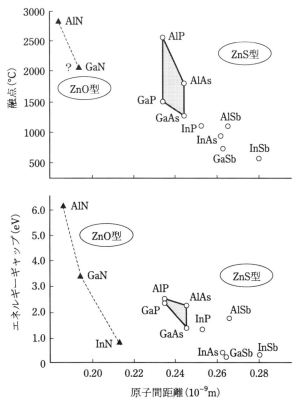

図4　Ⅲ-V化合物の融点とエネルギー・ギャップ．太線で示した四角形は図3の4元系に対応する．

注2）正則溶体近似は（その4）の図6を参照．

接原子対(○-●)のエネルギーは第1項のG_{GaP}とG_{GaAs}に含まれています.

以上のような副格子モデルを多元系に拡張すると,赤や緑の発光ダイオードに使用されるⅢ-V化合物の状態図を解析することができます[3)~5)].その代表例が図3に示したAlP-GaP-GaAs-AlAs系,略して(Al, Ga)(P, As)4元系の状態図で,全率固溶型です.

なお,Ⅲ-V化合物は図4(下)に示すように,格子定数が小さいほど,エネルギー・ギャップが大きくなります.従って,緑色よりも波長の短い青色の発光ダイオードは,AlPやGaPよりも原子間結合力が強くて,格子定数が小さい結晶であることが必要です.これは難題でしたが,中村修二博士によって1994年に達成されました[6)7)].

開発された結晶は**GaN**で,AlPなどと同類のⅢ-V化合物ですが,結晶構造は

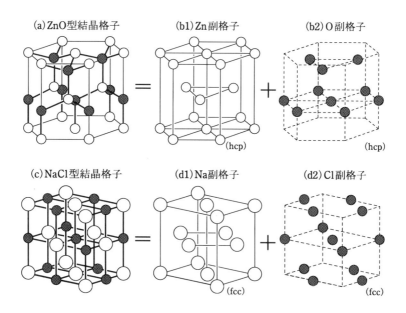

図5 Ⅲ-V化合物(ZnO型)と炭・窒化物(NaCl型)の副格子.太線は第1近接原子対で,ZnO型では1原子あたり4対,NaCl型では6対.

図5(上)のように2つの稠密六方格子を副格子とするZnO型です．鉄鋼材料を専攻してきた筆者にとって，GaNは初耳でしたが，構造用鋼や電磁鋼板の結晶粒内に析出して，しばしば不可解な挙動をする曲者の**AlN**と同類ときいて，"さもありなん"と納得しました．

炭・窒化物の状態図

つぎにTiC, NbC, TiNなどが固溶した多元系化合物の状態図について考えましょう．

これらの化合物はNaCl型で，図5(下)のように，○印(Tiなど)の副格子と，●印(C, N)の副格子に分解することができます．両副格子ともfccですが，ZnS型の場合には1/4コマずつ，**斜め方向**にずらしたのに対して，NaCl型では1/2コマずつ**縦あるいは横方向**にずらしたfccです．この結果，6個の○印(Tiなど)が構成する**正8面体の中心**(octahedral site)の●印にCあるいはN原子が入り込むので，高密・超硬質の化合物となります[8]．

図6にTi, Nb, Vの擬3元系炭化物の状態図と炭・窒化物の格子定数を示しました．VNの格子定数が最小(0.413 nm)．NbCが最大(0.444 nm)．従って，ミ

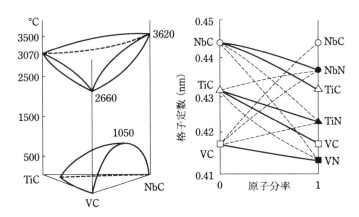

図6　左；(Ti, V, Nb)C系炭化物の状態図．右；炭・窒化物の格子定数．破線の組み合わせは臨界温度以下で2相分離する．

ス・フィット($\Delta a/\bar{a}$)は0.07に過ぎないので，大概の擬2元系炭・窒化物は全率可溶ですが，(V, Nb)Cは特例で，1050℃以下では，VCを主体とするα_1と，NbCを主体とするα_2に2相分離します．

島状溶解度ギャップ

上述のIII-V化合物も，炭・窒化物も，なるべく全率可溶のものを選んで説明しました．しかし，2相分離するものも少なくありません．とくに，TiとNbの複合炭・窒化物では，図7のように，"島状"の2相域が4元系の中央部に現われます．これを島状溶解度ギャップ(miscibility gap island, 略してMGI)といいます[9]．

通常の2相分離(miscibility gap)が原子相互の反発作用によって誘発されるのに対して，**MGI**は3元以上の多元系固溶体における原子間の結合力の**アンバランス**によって発生します．

Ti-Nbの炭・窒化物の場合は，TiNが他の化合物；TiC, NbC, NbNよりも段違いに安定なために，自由エネルギー曲面の中央部が図7(c)のように，上方に凹んで，TiNを主体とするα'相と，NbCを主体とするα相とに分解するというわけです．

アルニコ磁石の状態図

島状溶解度ギャップは，磁石材料の分野ではかなり以前から知られていました．その元祖は，東大工学部の三島博士[注3]が1931年に発明したMK磁石です[10][11]．この磁石はFe-25at%Ni-25at%Alを基本組成とする3元系合金でしたが，TiやCoの添加によって磁石特性が著しく向上することがわかって，"Alnico磁石"へと発展し，1980年代に覇権を希土類磁石に譲るまでの50年間，磁石の王様でした[12][13]．

注3)三島徳七(1893〜1975)；1945年文化勲章．MKのMは養家(三島)，Kは実家(喜住きじゅう)の名字のイニシャル．

（その5）多元系化合物の状態図

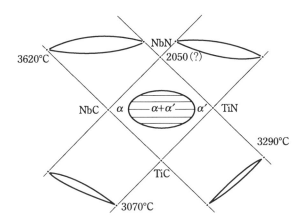

(a) (Ti, Nb)(C, N)系の展開図

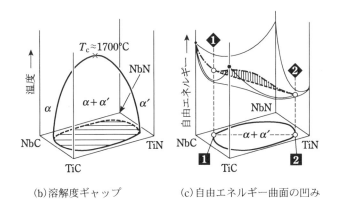

(b) 溶解度ギャップ　　(c) 自由エネルギー曲面の凹み

図7 (Ti, Nb)(C, N)4元系の島状溶解度ギャップ

Fe-Ni-Al系の状態図は木内[14]によって第2次大戦中に報告されました。しかし、本格的な研究は大戦後のBradley[15]によるもので、図8のように、FeコーナーからNiAlに向かって延びた島状2相域($\alpha_1+\alpha_2$)が明確に示されています。

このFe-Ni-Al系の島状溶解度ギャップも、前項までと同様に、副格子モデルによって解析することができます。まず、αFeもNiAlもbcc構造ですから、図9(a)のように、○と●の副格子(双方とも単純立方格子)に分解して、○格子にはNiとFe原子、●格子にはAlとFe原子が配置すると考えます。格子定数はαFeが0.286 nm、NiAlが0.288 nmでほぼ同等ですから、Fe-NiAl擬2元系は高温では溶け合って、単相固溶体となります。しかし、Ni-Alの原子間結合力が、Fe-AlならびにFe-Niの結合力よりも著しく大きいために、1000℃以下では自由エネルギー曲面が図9(b)のように、上方に凹むので、αFe主体のα_1相と、NiAl主体のα_2相に分解します。この島状溶解度ギャップが原動力となって、顕著な磁

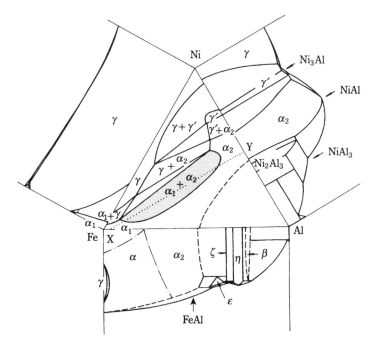

図8 Fe-Ni-Al系の状態図(750℃)[15]。中央部に島状溶解度ギャップが出現する。

(その5) 多元系化合物の状態図

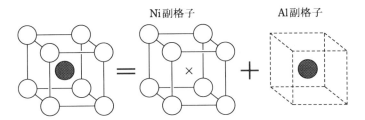

(a) (Ni, Fe)(Al, Fe)系bcc相の副格子

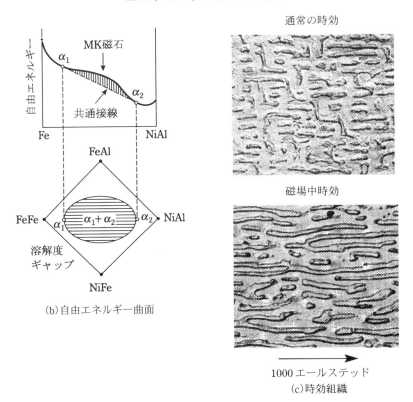

(b) 自由エネルギー曲面

(c) 時効組織

図9 Fe-NiAl系の副格子モデルによる解析．マトリックスがNiAl，析出相がαFeとなるように合金設計すると，磁場中時効によって(c)のように，異方性の大きな磁石が得られる[13]．

石特性が具現され,磁石の王国が築かれたのでした.詳しくは文献[13)16)〜18)]を参照してください.

参考文献

1) M. Hillert and L. I. Staffansson: Acta Chem. Scand., **24** (1970), 3618
2) 西沢泰二:ミクロ組織の熱力学,講座・現代の金属学 材料編 第2巻,日本金属学会,(2005), 60
3) 田井英男,堀茂徳:固溶体半導体の構造と物性,日本金属学会会報, **21** (1982), 876
4) K. Onabe: Jap. J. Appl. Phys., **21** (1982), 964
5) K. Ishida, H. Tokunaga, H. Ohtani and T. Nishizawa: J. Crystal Growth, **98** (1989), 140
6) 水島宜彦:情報革命の軌跡,裳華房ポピュラーサイエンス,(2005), 97
7) 一ノ瀬昇,田中裕,島村清史編著:高輝度LED材料のはなし,日刊工業新聞社,(2005), 6
8) H. J. Goldschmidt: Interstitial Alloys, Butterworths (1967), 148
9) E. Rudy: J. Less-Common Metals, **33** (1973), 43
10) T. Mishima: Ohm, **19** (1932), 353
11) 小岩昌宏:金属学プロムナード,アグネ技術センター,(2004), 40
12) K. Honda, H. Masumoto and Y. Shirakawa: Sci. Rep., Tohoku Univ., **23** (1934), 365
13) 岩間義郎:高保磁力磁性材料,日本金属学会会報, **4** (1965), 16
14) 木内修一:東京大学航空研究所報告, **14** (1939), 363; **15** (1940), 601; **16** (1941), 27
15) A. J. Bradley: J. Iron Steel Inst., **163** (1949),19, **168** (1951), 233; **171** (1951), 41
16) J. Meijering: Philips Res. Rep., **5** (1950), 333; **6**(1951), 183
17) H. K. Hardy: Acta Metall., **1** (1953), 210
18) S. -M. Hao, K. Ishida and T. Nishizawa: Met. Trans. **16A** (1985), 179

状態図・七話（その6）
金属基・複合系の状態図

魔法の杖－複合材料の登場

1936年に第11回オリンピック大会がベルリンで開催されました．小学1年生だった筆者は，前畑選手の200 m平泳ぎや，田島選手の三段跳びの金メダルに歓喜したことを，まるで昨年のことのように覚えています．残念だったのは棒高跳びで，西田・大江選手(ともに4.25 m)がメドウス選手(4.35 m)に敗れて，銀と銅に終ったことでした(図1)[注1]．

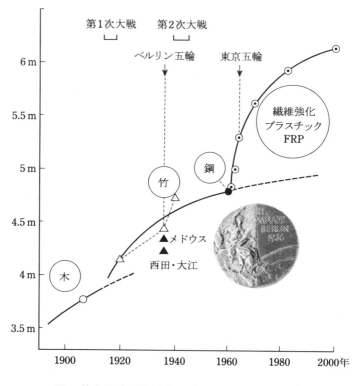

図1　棒高跳びの世界記録とポールの材質との関連[1]

注1)図1に挿入した写真は，西田，大江両選手のメダルを切断・接合したAg/Cuの"友情のメダル"(朝日新聞1997年4月15日)．

このベルリン大会の棒高跳びに使用されたポールは天然の竹で，耐用期間が短いのが難点でした．そこで，各種の金属製ポールが試作され，第17回ローマ大会（1960年）では鋼製のポールを使用した選手が4.80 mで優勝します．しかし，つぎの第18回・東京大会（1964年）では，繊維強化プラスチック（Fiber Reinforced Plastic, 略してFRP）のポールを採用した選手が驚異的な新記録（5.30 m）を樹立しました．さらに，1960〜1980年代にかけて，FRP製のポールはつぎつぎに世界記録を更新し，**魔法の杖**（magic wand）と称されました．

以上のように華々しく登場したFRPは，"細くすればするほど繊維は強くなる"というグリフィスの説[2)]にもとづいて，太さ数ミクロンに伸線したガラス

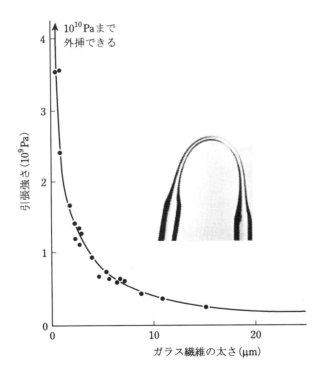

図2　ガラス繊維の引張強さ（A. Griffith, 1920年）．写真はシリカ繊維で，引張強さ5×10^9 Pa, 弾性歪み7.5%．

繊維をプラスチック中に配列した複合材料(composite material)です(図2)[注2].

この種の新素材の台頭は,鉄鋼などの古豪の材料にも波及効果をもたらして,**材料革命**という"新語"が誕生しました[3].

金属基・複合材料の概観

複合材料にはいろいろありますが,ここでは,主相(マトリックス)が金属,副相が非金属の金属基・複合材料(Metal Matrix Composite,略してMMC)について考えましょう.

表1はその実例で,一見すると"魔法の杖"のように華々しいものはありません.しかし詳しく調べてみると,どれもこれも"つわもの"です.ただし,1970年以前に限定しましたから,"ふるつわもの"というべきかもしれません.

これらの中から,筆者が研究テーマとしたことのある快削鋼と電磁鋼板を選んで,状態図に基づいた考察を記します.なお,MMCについての詳しい検討には文献[4]〜[8]を推薦します.

表1 金属をマトリックスとする**複合的な**材料の実例(1970年以前に開発されたもの)

年	材料の名称	構成相	研究者または研究所
1910	長寿命(W)フィラメント	$W+ThO_2$	GE
1920	快削鋼	$Fe+MnS$	
1930	方向性電磁鋼板	$Fe \cdot Si+MnS$	N. P. Goss
1940			
1950	焼結アルミ(SAP)	$Al+Al_2O_3$	R.Irmann
1960	TDニッケル	$Ni+ThO_2$	DuPont
1970	方向性電磁鋼板	$Fe \cdot Si+AlN$	田口,坂倉

注2)初期のFRPはガラス繊維を用いたが,近年は,剛性率の大きい炭素繊維やボロン繊維が採用されている.

快削鋼の状態図とミクロ組織

鋼中のSは大変に有害な不純物元素です．ところがS（約0.2％）とMn（約1.5％）の双方を添加すると，直径が数ミクロンのMnS粒子（イオン結晶）がおよそ50ミクロンの間隔でFeマトリックス中に分散した"複合材料"となります．

この種の鋼はバイトやドリルによる切削加工に適するので，快削鋼（free cutting steel）と称され，本邦では1940年頃から研究されてきました[9]．とくに1960年以降は，自動車産業の興隆に伴って生産量が急増し，近年は100万トンの年産が維持されています[10]．

MnS粒子の分散が何故に切削加工に有効なのでしょう？ いろいろの理由が考えられますが，第一に，MnSが脆弱で切断しやすく，しかも図3に示すように，焼鈍した鋼材とほぼ同等の硬さの化合物なので，切削工具を痛めません．

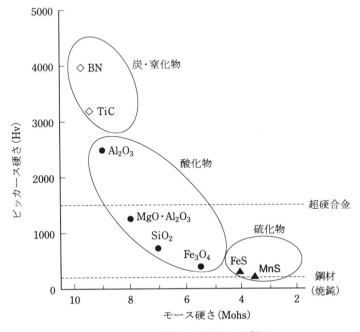

図3　MnSの硬さは焼鈍した鋼材とほぼ等しい．

第二に，MnS/Fe界面は図4に示すように，Al_2O_3/FeやMnO/Feなどよりも界面エネルギーが低くて，"濡れ性"が良いので，界面に沿った剥離が少なく，切削面が平滑です[11]．

第三に，Fe-MnS擬2元系の状態図は，適度の組成幅の2液相領域をもつ**偏晶型**です(図5)．このために，凝固速度の調節や，第3元素の添加によって，使用目的に応じた形態のMnSを分散させることができます(写真1)[12)13]．

この最後の"偏晶型状態図の効能"は，次項の電磁鋼板の組織制御でも重要な役割を果たします．

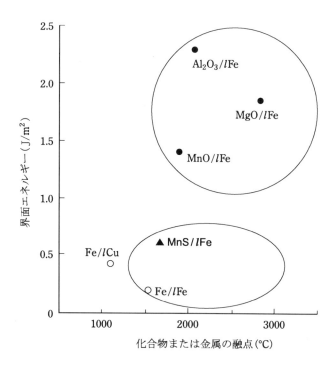

図4 MnSとFeとの界面は低エネルギーであるために，切削の際の"むしれ"が少なくて，平滑に削れる．

(その6) 金属基・複合系の状態図

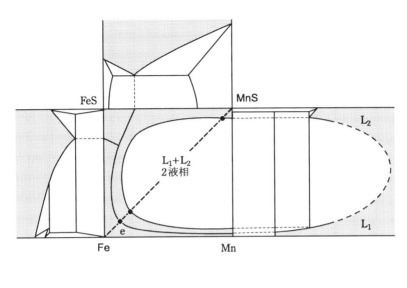

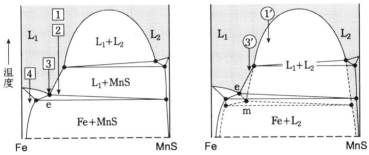

図5 Fe-MnS系状態図の安定系（実線）と準安定系（点線）．eは共晶点，mは偏晶点．

(その6)金属基・複合系の状態図

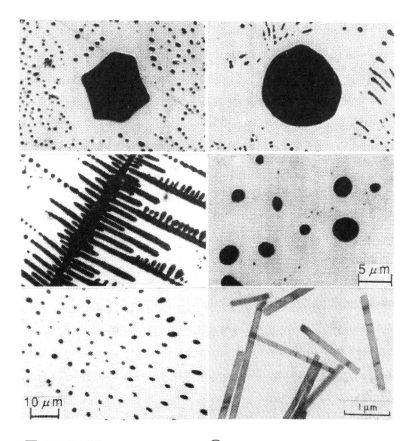

① 8面体状の初晶MnS　　　② 2液相分離したMnS
② デンドライト状初晶MnS　③ 偏晶反応による球状MnS
③ 共晶反応による棒状MnS　④ 凝固後の徐冷によって析出した長方形MnS.
（図5の各位置に対応）

写真1 Fe-MnS系合金中のMnSの諸態[12)13)]．微量の第3元素の添加と，冷却条件に応じて多様に変化する．

方向性電磁鋼板の組織制御

変圧器の鉄心などに使用される珪素鋼板は，ハドフィールドらによって1900年に発明されました．当初はミクロ組織と磁気特性との関連が不明確でしたが，本多，茅両博士[14]によるFe結晶の磁化曲線が1926年に報告されて以来，磁化容易方向に結晶方位を揃えた方向性電磁鋼板の製造法が各国で探求されました．その代表が1934年に発表されたゴスの方法（アームコ法）[15]です．

この技術は，八幡製鉄の田口，坂倉両博士によって改良されて，八幡ハイビー法が確立されました[16]．最近の解説[17]によると，微細なAlNを分散させて，鋼板の再結晶組織を制御する，素晴らしい技術と考えられます．

その内容を理解するために，まず，Al-AlN系状態図[18]などを参照して，Fe-AlN擬2元系の状態図を想定してみると，図6のような偏晶型であって，前記のFe-MnS系快削鋼と同族です．

ただし，快削鋼中のMnSが鋼の凝固過程で生成するので，直径が数ミクロンだったのに対して，電磁鋼板中のAlNは凝固後の熱処理によって固溶−析出す

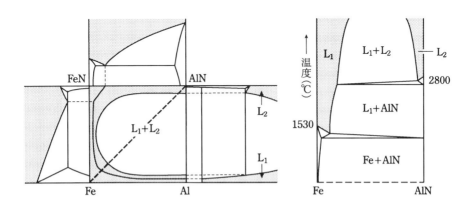

図6 （左）Fe-Al-N 3元系と（右）Fe-AlN 擬2元系の状態図（概略図）

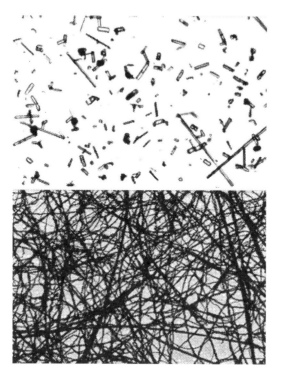

写真2 （上）0.75％Al鋼から電解分離した長方形のAlNの光学顕微鏡写真[19]．（下）アルミ粉末をN$_2$気流(700℃)中で加熱した場合に生成したAlN繊維[20]．

るので，AlNの方がMnSよりもはるかに微細（厚さ0.01ミクロン程度）です．

　その上，AlNの結晶構造はZnO(B4)型であって，異方性が強いので，写真2のように，長方形または繊維状に成長する傾向があります[19][20]．

ピン止めと逆ピン止め

　多結晶組織中に微細粒子を分散させると，結晶粒界のピン止めによって結晶粒成長を抑止できるという**ピン止め理論**が発表されたのは，第二次大戦後のこ

(その6) 金属基・複合系の状態図　　　　　　　　　　　　81

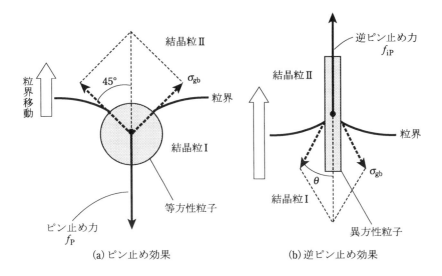

図7　粒界のピン止めと逆ピン止め

(a)等方性粒子の場合：粒界エネルギー(σ_{gb})に比例したピン止め力(f_P)が発生して，粒成長を遅滞させる．

(b)異方性粒子の場合：粒子と結晶との界面エネルギーに応じて，粒界の接触角(θ)が変化し，異常粒成長を誘発する．

とでした[21]．電球用フィラメントの寿命を伸すために，ThO_2の微細粒子を分散させて，結晶粒成長を阻止したGE社のトリア・ダングステンが発明されたのが1912年でしたから，発明から理論づけまでにおよそ40年の歳月を要したことになります．

一方，八幡ハイビーは異方性の強いAlN粒子を析出させて，特定方位のFe結晶粒だけを異常成長させる絶妙な技法です．そのメカニズムは未だ確定されていませんが，図7(b)のようなモデルによって説明できるのではないでしょうか？

まず，等方性粒子が粒界にひっかかった場合には，粒界の移動方向とは逆向

きの凹みが発生して，粒成長を抑制します（図7(a)）．ところが，異方性粒子(P)が結晶粒界(I/II)にひっかかった場合には，界面エネルギー$\sigma^{P/I}$と$\sigma^{P/II}$の相違に応じて，粒界の接触角(θ)が変わります．例えば図7(b)は，$\sigma^{P/I} \ll \sigma^{P/II}$の場合であり，粒界I/IIは上方に突出して，上方への粒界移動を促進するでしょう．この様子は通常のピン止めとは逆なので，**逆ピン止め**(inverse pinning)[22)23)]と呼んではいかがでしょうか？

複合材料に偏晶型が多いのは？

上記の快削鋼も，方向性電磁鋼板も，状態図は偏晶型でした．これら以外の複合材料も，表2のように，偏晶型が多いのは何故か？を考えてみましょう．ここで表2の左欄に記した**適合**，**半適合**，**不適合**はそれぞれ，compatible, semi-compatible, incompatibleの訳語で，高分子の相互溶解性を示す用語です．

まず，最上段のFe-TiC, Fe-NbCは共有結合化合物のTiC, NbCをFe基質中に分散させた複合材料です．しかし従来，金属－炭化物系は"合金"と考えられてきましたから，今回の話題では割愛しました[注3)]．

つぎに，最下段のFe-MnO, Fe-Al$_2$O$_3$などは金属とイオン結晶との組み合わせで，両者は"不適合"であり，液体状態でもほとんど溶け合いません．

最後に残った中段の"半適合な組み合わせ"が複合材料の主役で，液体状態でも相互溶解度に限界がありますから，状態図は偏晶型です．

現在，金属－セラミックス系の複合系が盛んに探究されていますから，状態図の研究もますます重要となるでしょう．

注3) 表2のマイクロ・アロイング鋼についての参考書

堂山昌男，山本良一：新素材の開発と応用I・高張力低合金鋼，東京大学出版会，(1983), 155～179

幸田成康，熊井浩，野田龍彦：レスリー鉄鋼材料学，丸善，(1985), 203～225

(その6) 金属基・複合系の状態図

表2 金属(M)と化合物(M'X)との複合系状態図の総括

	M-M'-X 3元系展開図	M-M'X系状態図	実例
適合 (共晶型)	MX, M'X / M, M'	M+M'X	マイクロ・アロイング鋼 Fe-TiC Fe-NbC
半適合 (偏晶型)	MX, M'X / M, M'	L+L', L+M'X	オキサイド・メタラジー Fe-TiO Fe-CaO トリア・タングステン W-ThO$_2$
	MX, M'X / M, M'	L+M'X, M+M'X	快削鋼 Fe-MnS 方向性電磁鋼板 Fe・Si-AlN
不適合	MX, M'X / M, M'	L+L', L+M'X, M+M'X	メタル-スラグ系 Fe-MnO Fe-Al$_2$O$_3$

参考文献

1) 佐々木季幸:スポーツシリーズ・陸上競技,成美堂出版 (1995), 116
2) J. E. Gordon 著, 土井恒成訳:強さの秘密, 丸善 (1992), 72
3) 黒岩俊郎:材料革命・金属とプラスチックの闘い, ダイヤモンド社 (1970)
4) 高橋仙之助:複合材料・金属における複合効果, 日本化学会編 (1975), 38-58
5) 堂山昌男, 山本良一訳:新素材の開発と応用II・繊維強化複合材料, 東京大学出版会 (1984), 369〜390

6) 渡辺治:複合材料,講座・現代の金属学　材料編5(非鉄材料),日本金属学会 (1987), 193-217
7) E. Easterling著,石崎幸三訳:トゥモローズ・マテリアル,内田老鶴圃 (1992)
8) 入戸野修監訳:材料の科学と工学4(材料の構造・製法・設計),培風館 (2002), 153～194
9) 藤原達雄,伊藤哲朗:カルシウム快削鋼,日本金属学会会報, **15** (1976), 613
10) 西巌祐:旋削加工,日刊工業新聞社 (1996), 223
11) W. D. Kingery, H. K. Bowen and D. R. Uhlmann: Introduction to Ceramics, John Wiley & Sons (1976), 208
12) 及川勝成,大谷博司,石田清仁,西沢泰二:凝固時に形成される鋼中のMnSの形態制御,鉄と鋼, **80** (1994), 623
13) 小泉真人:金属工学シリーズ9,金属組織写真集・鉄鋼材料編,日本金属学会 (1979), 11
14) K. Honda and S. Kaya: Sci. Repts. Tohoku Imp. Univ., **15** (1926), 721
15) N. P. Goss: Trans. ASM., **23** (1934), 511
16) S. Taguchi and A. Sakakura: Acta Met., **14** (1966), 405
17) 坂倉昭:方向性珪素鋼板 発展の歴史,バウンダリー, (1998-2000), コンパス社
18) M. Hillert and S. Jonsson: Met. Trans. **23**A (1992), 3141
19) W. Koch: Metallkundliche Analyse, Verlag Stahleisen (1965), 403
20) 矢向博:金属の電子顕微鏡写真と解説(西山善次,幸田成康編),丸善 (1975), 293
21) C. Zener and C. S. Smith: Trans Met. Soc. AIME., **175** (1948), 15
22) T. Nishizawa: ISIJ International, **40** (2000), 1269
23) 西沢泰二:マイクロ・アロイングの熱力学,まてりあ, **40** (2001), 437

状態図・七話（その7）
2元系状態図・特選

逆行溶解型状態図

本章が最終章なので,なるべく珍しい状態図を2元状態図ハンドブック[1]などの中から選んで,選評を述べることにしました.その1番目が図1(b)のPu-Ta系です.

この状態図の見どころは,固/液平衡線の見事な"反り返えり"がスケートの

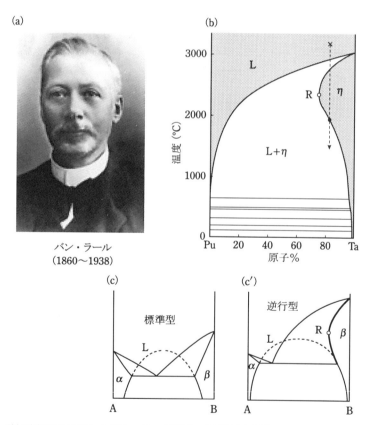

図1 逆行溶解度を予想したバン・ラール[3](a).(b)は最も顕著な実例であって,×印の合金を冷却すると,●印以下の温度で再融現象が見られる.

"イナバウアー"を連想させること．さらにPu(プルトニウム)[注1]が融点以下で，5段階の同素変態($\alpha \rightleftarrows \beta \rightleftarrows \gamma \rightleftarrows \delta \rightleftarrows \delta' \rightleftarrows \varepsilon$)をするために，状態図の底辺に6本の縞模様が描かれて，モダン・アートのように見えることなどです．

上記のような"固相線の反り返えり"は，逆行溶解度(retrograde solubility)と呼ばれていて，凝固したはずの合金が，冷却によって部分的に溶けた後に，もう一度固まります．この奇妙な現象は1926年にCd-Zn系のZn側状態図に発見されました[2]．ただし，それよりも20年以上も昔に，計算状態図の開祖バン・ラール[注2]が出現を予想していたことが最近，報告されました[3]．

なお，逆行溶解度が本格的に検討されたのは，ベル研究所のショックレーらによるトランジスタの発明後の1950年代であり，Ge-SbやSi-Liなどの半導体の固相線が，0.01%程度の固溶度を極値とする逆行型であることが確認されています[4]．

RemeltingかCatatecticか

2番目の状態図は"姿"や"形"ではなく，**名称**を検討するために選びました．図2(a), (b)が問題の"再融反応型"と呼ばれてきた状態図で，Ⓒの組成の固相が，冷却によって次式のように，部分的に溶解します．

　　　固相(δ) $\xrightarrow{冷却}$ 固相(γ) + 液相(L)

この様式の不変系反応は存外に多くて，Fe-ZrやCu-Sn, Na-Snなど，おおよそ30種の2元系にも見られます．

最近まで筆者は，この不変系反応を"再融反応(remelting reaction)"と呼ぶことに何の疑惑も感じませんでした．しかし，おそらく1980年以降の外国文献では，remeltingではなく，catatectic reactionと記していることを知って驚いた次第です．

この変更の経緯はつぎのように推察されます．

(1) remeltingは前記のretrograde solubilityとの混同が懸念される．

注1) Puは核燃料に使用される最も危険な元素なのでご用心．
注2) J. J. Van Laarについては(その4)を参照．

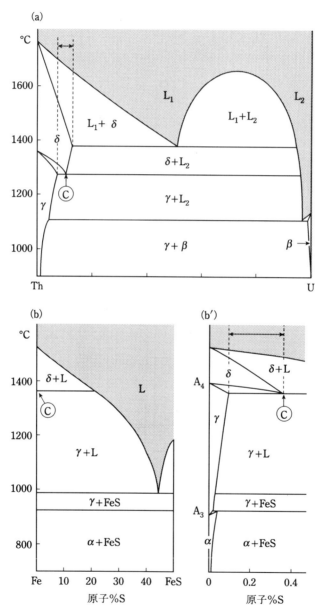

図2 "再融反応型"の実例.(b')は(b)の低濃度域の拡大図. ↔ の組成の合金を冷却すると再融現象が見られる.

(2) 欧米では"冷却"よりも"昇温"の際の状態変化に基づいて反応の名称を定めることが多い[注3].
(3) 昇温過程：液相(L)+固相(γ)→固相(δ)も劇的なので，**著しい変化**を意味する"cata"を接頭語とするcatatecticと名付けた．

という筋書きです．

それでは，本邦での学術用語はどうすれば良いでしょう？老兵の出る幕ではありませんが，英語ではcatatectic，日本語では従来通りの再融反応ではいかがでしょう？

合成反応型の状態図

つぎはGa-Rb系の状態図(図3)です．

GaもRbも融点は常温近傍です．おまけに，2液相域(L_1+L_2)がおよそ700℃まで拡がっていますから，液相中のGaとRbは互いに強く反発すると考えてよ

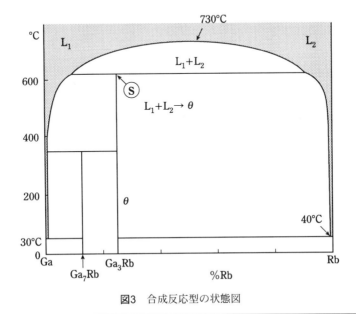

図3 合成反応型の状態図

注3) たとえばeutecticは，ギリシャ語のeu(=well)から由来し，"溶けやすい"を意味する．

いはずです.

ところが固相では，両者は強く結合し，620℃まで安定な金属間化合物(Ga_3Rb)を形成するのですから不思議です.

この種の"合成反応型"はGa-Rbだけでなく，K-Zn, Pb-U, Mn-Y系など，およそ20種の2元系にも見られます.

ゴシック様式の複雑な状態図

Mnは融点(1246℃)以外に，3段階($\alpha \rightleftarrows \beta \rightleftarrows \gamma \rightleftarrows \delta$)の同素変態点をもちます. このMnにNiを固溶させると，5種類の金属間化合物；ϕ, ε, η'', ζ, ζ'と，3種類の規則相；η, η', γ'が生成します. その結果，図4のように，Mn-Ni系の状態図は大変に複雑で，共析(8)，包析(5)，包晶(1)の不変系反応が見られます.

この状態図よりももっと複雑で面白い2元系は他にもあるかもしれません. しかし，左右がほぼ対称で，まるで中世のゴシック建築のような美しさに魅せられて，このMn-Ni系[1]を選びました(図4).

不変系反応は何種類か？

A-B 2元系に出現する不変系反応は，全部で何種類でしょう？ 成分元素の融点と同素変態を除くと，正解は図5に示した8種類です.

この他に，後出の図8-1に示したHomotecticとhomotectoid型も出現の可能性はありますが，現実には確認されていません.

なお，次項に示すH_2O-NaCl系のように，気相(蒸気相)が重要な役割を果たす場合には，図5に示した8種類以外の不変系反応が重要な役割を果たします. 詳しくは文献[5,6]などを参照してください.

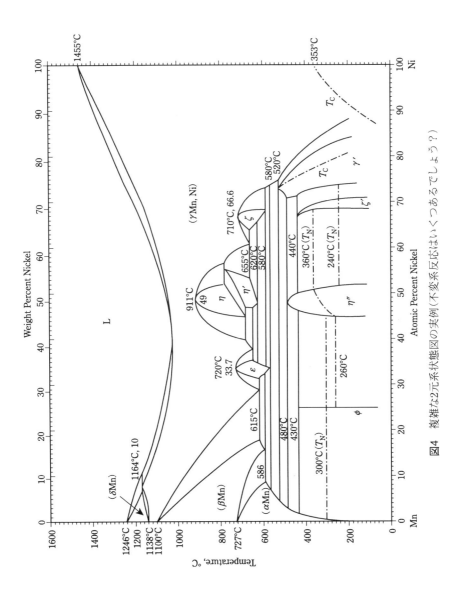

図4　複雑な2元系状態図の実例（不変系反応はいくつあるでしょう？）

	2液・1固	1液・2固	3固
分解型	$L_1 \to \gamma + L_2$ Ⓜ 偏晶反応	$L_2 \to \beta + \varepsilon$ Ⓔ 共晶反応	$\varepsilon \to \beta + \delta_1$ ⓔ 共析反応
		$\gamma \to \beta + L_2$ Ⓒ 再融反応	$\delta_1 \to \delta_2 + \beta$ ⓜ モノテクトイド反応
結合型	$L_2 + L_3 \to \varepsilon$ Ⓢ 合成反応	$L_3 + \varepsilon \to \delta$ Ⓟ 包晶反応	$\beta + \delta_2 \to \alpha$ ⓟ 包析反応

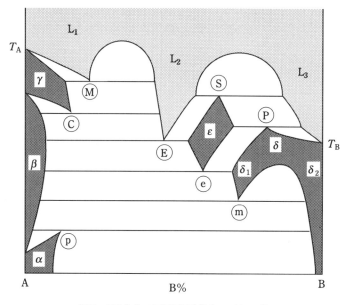

図5　2元合金の不変系反応オンパレード

食塩水の状態図

　H_2O-NaCl系は身近な2元系なので，かなり古くから状態図が調べられ，教科書などにも引用されてきました[7)8)]．

　図6はその概略図で，左下の□印は合金の共晶点に相当し，氷晶点(cryohydrate point)と呼ばれています．この状態図でとくに面白いのは，液相L_2＋蒸気の状

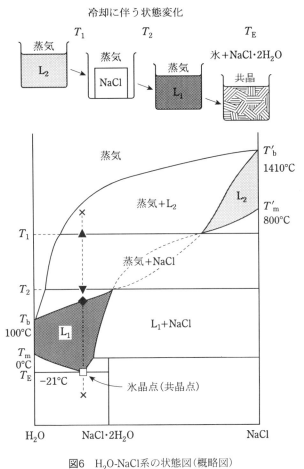

図6　H_2O-$NaCl$系の状態図（概略図）

態（×印）から冷却した場合であり，一旦，凝結して$NaCl$結晶が生じます．しかし，さらに冷却すると，再融反応に類似の反応；$NaCl$＋蒸気→L_1によって液相が発生します．そして最後に，氷晶反応；L_1→氷＋$NaCl \cdot 2H_2O$によって氷晶組織となります．

　この$NaCl \cdot 2H_2O$は，ちょうど金属間化合物のように，H_2Oと$NaCl$とが結合した化合物であり，含水塩（hydrate salt）の一種です．

(その7) 2元系状態図・特選

奇妙な2液相分離

図7は水－ニコチン系の状態図で，一度見たら忘れられないユニークな状態図です[9]．

一般に，2種類の液体(L_1とL_2)を混ぜると，高温ではよく混じるのに，低温

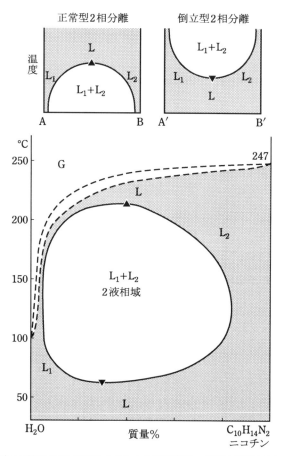

図7 上限(▲印)と下限(▼印)の臨界点をもつ2液相分離．点線は気相(G)と液相(L)との平衡(推定)．

ではある濃度までしか溶けないことをしばしば目にします．このような場合の状態図が図7(左上)のヘルメット型であり，頂点(▲)を臨界点と呼びます．

ところが有機物，とくに鎖状の高分子の溶液では，図7(右上)のように，倒立型の2相分離線のものも見出されました[10]．ですから，図7の水－ニコチン系は正常型と倒立型がミックスした状態図と考えられます．なお，正常型と倒立型の2相分離の臨界点(▲と▼)は，それぞれUCSTとLCST[注4]と呼ばれています．

以上のような高分子の状態図は，フローリーらによって第2次大戦中に研究が開始され，1970年代に著しい発展を遂げて，**ポリマーアロイ**という新語が創出されました．詳しくは文献[10)11)]などを参照してください．

双頭型溶解度ギャップ

駱駝にはアフリカ系の"ひとこぶ"と，アジア系の"ふたこぶ"がいます．同様に，2相分離線にも"ふたこぶ"のものが考えられて，図8-1のようなhomotectic

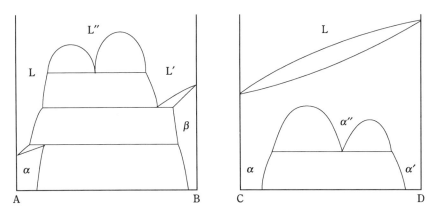

図8-1　homotectic型とhomotectoid型の状態図(実例は無い)．

注4) upper(またはlower)critical solution temperatureの略．

(その7) 2元系状態図・特選

(a) 自由エネルギー曲線

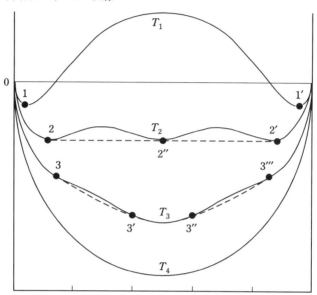

(b) 状態図

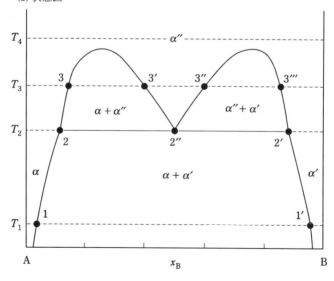

図8-2 双頭型溶解度ギャップ(計算)

($L''{\to}L+L'$)と，homotectoid($\alpha''{\to}\alpha+\alpha'$)の不変系反応を図示している解説書もあります．しかしこれまでに，実験によって確認された合金系はありません．

ただし計算状態図では，70年前にボレリウスが報告していたことを知りました[12)~14)]．そこで，A-B原子間の相互作用パラメーターΩ_{AB}を濃度の2次式；$\Omega_{AB}={}^0\Omega_{AB}[1-x(1-x)]$と仮定した場合の計算結果を図8-2に示します．

計算してみての実感では，"ひとこぶ"と"ふたこぶ"の相違が極めて微妙でした．故に将来，現実の状態図中に**双頭型**が見つかっても不思議ではないと思います[注5)]．

角状の臨界点をもつ2相分離

ヘリウム(He)には，中性子2個と陽子2個，合わせて4個の核子をもつ^{4}Heの他に，中性子1個と陽子2個の核子をもつ^{3}Heが存在します．

ただし，地球の大気中のHeはほとんどが^{4}Heであり，^{3}Heは^{4}Heの$1/10^6$程度しか含まれていません．ところが1970年頃に，核反応によって^{3}Heを人工的につくることが可能となり，各種の実験が行われてきました．図9(上)はその成果の一つで，^{4}He-^{3}He2元系状態図には，角状の三重臨界点(矢印)をもつ2相分離線が存在することが報告されました[15)]．

この^{4}He-^{3}He系と良く似た形状の2相分離が図9(下)のように，Fe-Co-Cr系にも表われます[16)]．この磁石合金は東北大学の金子・本間教授らによって1971年に発明され，希土類磁石と比べると，強靱性が優れているので，現在も特殊用途に採用されています[17)18)]．

通常の2相分離線がヘルメット状なのに，^{4}He-^{3}HeとFe-Co-Cr系の2相分離線に"角"があるのは何故でしょう？ この原因は，図9の状態図に鎖線で示したように，ヘリウムの場合は超流動⇄常流動の2次変態．Fe-Cr-Co系の場合は強磁性⇄常磁性の2次変態が起こるためであることがわかりました．詳しくは文献[19)~21)]を参照してください．

注5) 双頭型溶解度ギャップはtwo-peak miscibility gap．ふたこぶ駱駝はtwo-humped camel．

(その7) 2元系状態図・特選

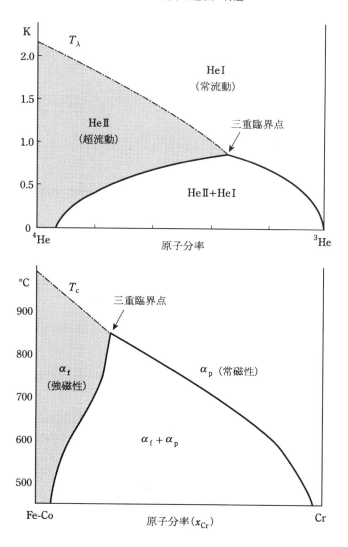

図9 角状の三重臨界点の現われる2元系状態図

以上，思いつくままに1番から9番までの2元状態図を特選としました．通常ならベスト・テンを選ぶべきでしょうが，筆者の場合は鉄鋼とのお付き合いが永かったので，(その1)のFe-C系に敬意を表して，9番に止めました．

参考文献

1) H. Okamoto: Phase Diagrams for Binary Alloys (Desk Handbook) ASM International (2000)
2) M. Hansen and K. Anderko: Constitution of Binary Alloys, 2nd Ed. McGraw-Hill Book Company (1958), 446
3) E. P. Van Emmerik: J. J. Van Laar, A Mathematical Chemist, University of Technology, Delft (1991), 7-108
4) J. N. Hobstetter: Progress in Metal Physics **7** (1958), 1-63
5) 妹尾学訳:化学熱力学, みすず書房 (1966), 339-485
6) M. Hillert: Phase Equilibria, Phase Diagrams and Phase Transformations, Cambridge Univ. Press (1988)
7) J. C. Slater: Introduction to Chemical Physics, McGraw-Hill Book Company (1938), 285
8) 中沢護人:鉄のメルヘン, アグネ (1975), 188-194
9) W. J. Moore: Physical Chemistry, 3rd Ed. Maruzen (1962), 144
10) 高分子学会出版委員会:ポリマーアロイ・基礎と応用, 東京化学同人 (1981), 111-152
11) P. J. Flory: Principles of Polymer Chemistry, Cornell Univ, Press (1953)
12) G. Borelius: Ann. Phys., **28** (1937), 507
13) H. Okamoto: J. Phase Equilibria, **14** (1993), 336
14) M. Hillert: J. Phase Equilibria, **15** (1994), 35
15) 藤田敏三訳:低温物理入門, 丸善 (1988), 205
16) T. Nishizawa, M. Hasebe and M. Ko: Acta Met., **27** (1979), 817

17) H. Kaneko, M. Homma and K. Nakamura: AIP Conf. Proc., **5** (1971), 1088
18) 堂山昌男, 山本良一訳:新素材の開発と応用(II), 東京大学出版会(1984), 204
19) J. L. Meijering: Philips Res. Rep., **18** (1963), 318
20) 小林秋男他訳:統計物理学, 岩波書店 (1980), 617
21) 西沢泰二:CALPHAD(計算状態図)の進展, 日本金属学会会報, **31** (1992), 389

索　引

[数字・アルファベット]

130キロバール変態	24
2（液）相分離	39, 42, 43, 94, 97
III-V化合物	60, 61, 63
A_1, A_2, A_3変態	7
A_3変態	13
Ag-Cu系状態図	5
Al-Cu, Al-Mg, Al-Znの固溶度線	36
(Al, Ga)(P, As)系展開図	62
AlNの光学顕微鏡写真	80
Al-X系とFe-X系状態図	44
Alの製錬	32
CALPHAD	49
Cr-Ni系の液相線と固相線	54
Fe-Al-N 3元系とFe-AlN擬2元系の状態図	79
Fe-C系状態図	3
Fe-C系の高圧状態図	28
Fe-C-Cr系計算状態図	48
Fe-C系の複状態図	11
Fe-Co-Cr系状態図	97
Fe-MnS系合金中のMnSの諸態	78
Fe-MnS系状態図	77
Fe-NiAl系の副格子モデル	68, 69
Fe高圧状態図	24, 26
Ga(P, As)状態図	62
Ga-Rb系状態図	89
G.P.ゾーン	37, 38
^{4}He-^{3}He 2元系状態図	97
H_2O-NaCl系の状態図	92, 93
H_2Oの高圧状態図	23
homotectic型とhomotectoid型状態図	95
Mn-Ni系状態図	90, 91
MnS粒子の分散	75
(Ti, Nb)(C, N) 4元系	67
(Ti, V, Nb)C系状態図	65

[五十音順]

(あ)

圧力の単位	19
アマガーの水銀柱実験	18
アームコ法	79
アルニコ磁石の状態図	66
イプシロン鉄（εFe）	24
ウィルム（A. Wilm）	34
エールステッド（H. C. Oersted）	32
オーステナイト	10
オーステン（W. Roberts-Austen）	5, 8
オスモン（F. Osmond）	7, 8, 10

(か)

快削鋼の状態図とミクロ組織	75
カウフマン（L. Kaufman）	49, 55
規則化	42
擬2元系状態図	61
ギブス（J. W. Gibbs）	5
逆ピン止め効果	81
逆行溶解度（retrograde solubility）	87
逆行溶解型状態図	86
共晶型状態図	53
共通接線則	53, 54
金属基・複合材料（Metal Matrix Composite, MMC）	74
計算状態図	48
合成反応型状態図	89
コロイド状Al_2Cu微細粒子	35, 37

(さ)

再融反応型状態図	87, 88
磁気変態	14

時効硬化	34, 35	非磁性Fe-C系仮想状態図	14
時効組織のモデル	41, 43	ヒラート（M. Hillert）	49, 61
島状溶解度ギャップ	66, 67, 68	ピン止め理論	80, 81
ジュラルミン	35	複合型状態図	83
状態図の計算法	52	複合材料（composite material）	74
人工ダイヤモンド	26, 28, 29	副格子	60, 64
正則溶体近似による状態図の計算	57	副格子モデル	61, 69
正則溶体モデルによる計算状態図	56	不変系反応	91
双頭型溶解度ギャップ（計算）	96	ブリッジマン（P. W. Bridgman）	23
ソルビー（H. C. Sorby）	8	偏晶型状態図	76, 82
		方向性電磁鋼板	79
（た）		ホール・エルーの溶融塩電解法	32, 33
炭素の高圧状態図	27		
炭・窒化物の状態図	65	**（ま）**	
タンマン（G. Tammann）	21	マルテンサイト	10
超々ジュラルミン（ESD）	40	マルテンサイト変態	26
角状三重臨界点	97, 98	水ーニコチン系状態図	94
角状臨界点	43	水ーフェノール（C_6H_5OH）の	
鉄鋼材料の変革と組織学の進展	2	2液相分離	39
（は）		**（や）**	
鋼の変態	8	八幡ハイビー法	79, 81
薄膜状ダイヤモンド	30	溶解度ギャップ（miscibility gap）	40
白金ーロジウム熱電対	6	溶融塩電解法（ホール・エルー法）	32, 33
ハンゼンの状態図集	4, 36		
バン・ラール（J. J. Van Laar）	51, 86	**（ら）**	
非磁性（bccFe）	15	理論状態図	50

本書は，"「金属」創刊75周年記念連載講座"として雑誌「金属」76巻(2006年)10号から7回にわたって掲載された「状態図・七話」を，まとめたものである．

著者略歴
西澤　泰二（にしざわ・たいじ）
1952 年　東北大学工学部金属工学科卒業
1957 年　同大大学院特別奨学生修了
1964 年〜1966 年　スウェーデン王立工科大学客員研究員
1969 年〜1993 年　東北大学工学部材料物性学科教授
1993 年〜2008 年　住友金属総合技術研究所（尼崎）非常勤顧問
工学博士．東北大学名誉教授

状態図・七話
<ruby>じょうたいず<rt></rt></ruby>・<ruby>ななわ<rt></rt></ruby>

2015 年 3 月 30 日　初版第 1 刷発行

著　　者	西澤　泰二 ©
発 行 者	青木　豊松
発 行 所	株式会社 アグネ技術センター
	〒107-0062 東京都港区南青山 5-1-25 北村ビル
	TEL 03 (3409) 5329 / FAX 03 (3409) 8237
印刷・製本	株式会社 平河工業社

Printed in Japan, 2015

落丁本・乱丁本はお取り替えいたします。
定価の表示は表紙カバーにしてあります。

ISBN 978-4-901496-76-6 C3057

アグネ技術センター 出版案内

Tel 03-3409-5329　Fax 03-3409-8237　URL http://www.agne.co.jp

二元合金状態図集

長崎誠三・平林　眞 編著

A5判・366頁・定価（本体5,600円+税）

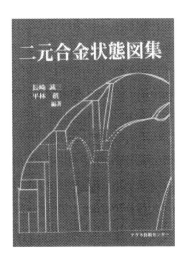

置換型 574系

侵入型 43系

付録

　「状態図」のみかたと用語

　「状態図」研究の歴史－20世紀前半まで

　「状態図」の文献と図集

　金属元素の基礎データ

　結晶構造の表示

　合金別索引

　合金状態図は，「材料開発の地図」といわれ，また「金属研究の磁針」の役目を果たします．状態図についての解説や参考書はいろいろありますが，合金状態図集として刊行された類書は見当たりません．

　本書は，600をこえる二元合金系ごとに簡潔な説明を付した状態図集で，金属を中心とする無機材料を扱う方々の携帯辞典として，あるいは周辺分野を探索する際のガイドブックとして好適です．わが国の研究者が残した足跡を記している点，および金属と水素や酸素などの侵入型合金を置換型と大別して整理していることも，本書の特徴といえます．大部のハンドブックや便覧などの状態図集とは違った利用価値が期待できる一冊です．

アグネ技術センター 出版案内
Tel 03-3409-5329　Fax 03-3409-8237　URL http://www.agne.co.jp

鉄合金状態図集
二元系から七元系まで

O.A.バニフ・江南和幸・長崎誠三・西脇 醇 編著
A5判・610頁・定価（本体7,000円+税）

二元系　77
三元系　304
四元系以上　61
計　442系
付・鉄 温度－圧力状態図
付録
　　金属元素の各種基礎データ

「循環型社会」に最もふさわしい金属材料として再び熱い視線が集まる鉄鋼材料．その基本となる日本で最初の本格的鉄基合金状態図集．
　最新のデータと状態図研究の歴史的アプローチとを盛り込んだ二元系77，多数の等温および垂直断面図を収録した多元系365，合わせて442系を一冊にまとめた本書は，材料学の研究室，技術の現場になくてはならない情報を届ける便利でハンディーな状態図集です．

アグネ技術センター　出版案内

Tel 03-3409-5329　Fax 03-3409-8237　URL http://www.agne.co.jp

四則算と度量衡とSIと
単位の名前は科学者のかたみ

白石　裕 著
A5判・147頁
定価（本体1,800円＋税）

　身体尺からはじまり身近な話題を例に挙げながら，加算・非加算性，四則演算，次元，組立単位へと興味をつなぎ，単位名に残された科学者たちの足跡をたどりながらSIに至る単位の成り立ちを解説．物理量の定義や輸送現象に関する無次元数など，理工学分野の学生，研究者に参考になる書です．

● ● ● ● ● ● ● ●

金属用語辞典

金属用語辞典編集委員会　編著
B6判ビニール上製・507頁
定価（本体3,500円＋税）

　見出し語3,400余語．広い意味での金属学の用語を集め，基礎的な術語を中心にしながら，製造現場で使われていることば，材料名，今も使われている歴史的ことばから新しいものまで，できるだけ多くの用語を収録．

アグネ技術センター　出版案内
Tel 03-3409-5329　Fax 03-3409-8237　URL http://www.agne.co.jp

新版 アグネ元素周期表［第2版］

井上　敏・近角聰信・長崎誠三・田沼静一 編
888mm×610mm・カラー，解説書A5判54頁
定価（本体価格2,800円＋税）

好評の大型カラー周期表．周期表の見方・考え方の解説書付．
金属（強磁性体，超伝導体），非金属，半金属・半導体の各グループを一目で判別できるよう色分けし，各元素ごとに日常必要とするデータ30数項目を掲載．材料開発，物性研究にたずさわる技術者・研究者必需の1枚！

[掲載項目]
元素記号，元素英語名・日本語名，原子番号，原子量，同位元素の質量数と存在比，原子の基底状態・電子配置，結晶形と格子定数，沸点，融点，密度，原子価，イオン半径，室温の電気抵抗，室温の熱伝導率，質量磁化率，X線スペクトルの波長，デバイ温度，室温の線膨張係数，地球の地殻中の存在量，ホール係数，熱電能，仕事関数，磁気変態点，金属のフェルミエネルギー，半導体のエネルギーギャップ，超伝導の臨界温度・臨界磁場

研究開発の源泉「アグネ元素周期表」を
教室・研究室・工場の壁に1枚！
自室にもう1枚！！